沉井助沉水下爆破关键技术及应用

陈德志　李本伟　罗　鹏　胡浩川　甄梦阳　编著

北　京

冶金工业出版社

2021

内 容 提 要

本书结合理论分析、现场试验、数值模拟与工程应用，对沉井助沉水下爆破关键技术进行了系统的论述。主要内容包括：绪论、沉井助沉水下爆破有限元数值模拟、水下爆破对基底黏土力学性能影响试验研究、爆破振动响应对沉井的影响，以及工程应用。

本书可供从事爆破工程、道路桥梁工程的研究人员和工程技术人员使用，亦可供大专院校力学、岩土工程、结构工程、防灾与减灾、防护工程、矿业等专业的师生参考。

图书在版编目（CIP）数据

沉井助沉水下爆破关键技术及应用/陈德志等编著. —北京：冶金工业出版社，2021.1

ISBN 978-7-5024-8704-1

Ⅰ.①沉… Ⅱ.①陈… Ⅲ.①沉井—水下爆破 Ⅳ.①TB41

中国版本图书馆 CIP 数据核字（2021）第 018270 号

出 版 人 苏长永

地 址 北京市东城区嵩祝院北巷 39 号 邮编 100009 电话 （010）64027926
网 址 www.cnmip.com.cn 电子信箱 yjcbs@cnmip.com.cn
责任编辑 杨 敏 美术编辑 彭子赫 版式设计 禹 蕊
责任校对 卿文春 责任印制 禹 蕊
ISBN 978-7-5024-8704-1
冶金工业出版社出版发行；各地新华书店经销；三河市双峰印刷装订有限公司印刷
2021 年 1 月第 1 版，2021 年 1 月第 1 次印刷
169mm×239mm；11 印张；215 千字；168 页
69.00 元

冶金工业出版社 投稿电话 （010）64027932 投稿信箱 tougao@cnmip.com.cn
冶金工业出版社营销中心 电话 （010）64044283 传真 （010）64027893
冶金工业出版社天猫旗舰店 yjgycbs.tmall.com
（本书如有印装质量问题，本社营销中心负责退换）

前　　言

　　沉井下沉施工过程中，由于沉井规模与地质条件的特殊性（沉井基底持力层为硬塑黏土），需要沉井在坚硬的黏土中下沉一定距离，然而井壁摩擦阻力与刃脚下土的正面阻力较大，导致沉井下沉困难。在下沉接触到硬塑黏土层后，传统的助沉方法均不能解决沉井在硬塑黏土持力层下沉的难题。针对此或类似难题，在武汉杨泗港长江大桥主塔基础施工方案中，我们决定采用水下钻孔爆破的方法辅助开挖刃脚下部黏土层来消除刃脚下部黏土的正面阻力，以使沉井顺利下沉至指定标高。因此，我们研究了一种适用于 60m 水深以内的基于硬塑黏土持力层的水下预埋孔钻孔爆破助沉技术。

　　本书以武汉杨泗港长江大桥主塔基础沉井爆破助沉施工作为背景，结合理论分析、现场试验、数值模拟与工程应用，对沉井助沉水下爆破动力响应及结构安全数值模拟分析、水下爆破对基底黏土力学性能影响试验、爆破振动响应对沉井的影响、沉井助沉水下爆破技术等进行了详细阐述。书中描述了沉井下沉的全过程及各关键环节的状态，给出了水下 60m 处黏土爆破的可行性及爆破参数，解决了爆破扰动对沉井基底持力层黏土的力学性能的影响、爆破对沉井结构造成损伤与破坏、爆破对沉井结构的稳定性影响等问题，提出了一系列切实可行的沉井助沉水下爆破关键技术。这些沉井助沉水下爆破关键技术在武汉杨泗港长江大桥主塔基础沉井爆破助沉中得到了成功应用，可用于指导类似深水硬质黏土层沉井助沉施工和沉井刃脚下方土石方开挖工程实践。

本书由陈德志、李本伟、罗鹏、胡浩川、甄梦阳编著。在撰写本书过程中,参考了爆破界同仁的有关文献,在此向文献作者表示衷心的感谢!

由于作者水平有限,书中不足之处,恳请读者批评指正。

作 者
2020 年 7 月

目　　录

1 绪 论

1.1 概述

沉井是井筒状的结构物，它通过井内挖土，依靠自身重力克服井壁摩擦阻力后下沉到设计标高，然后经过混凝土封底并填塞井孔，最终成为桥梁墩台或其他结构物的基础。沉井结构主要由刃脚、井壁、隔墙、井孔、凹槽、封底混凝土及顶盖等部分组成。沉井结构主要特点为：整体性强、稳定性好，承载力高，抗渗，耐久性好，内部空间可资利用，可用于很大埋置深度的地下工程施工；沉井既是基础，又是施工时的挡土和挡水结构物，施工无需复杂的机具设备，下沉过程中无需设置坑壁支撑或板桩围壁，可大大减少挖、运、回填的土方量，加快施工进度，降低施工费用；可用于各种复杂的地形、地质条件，可在场地狭窄条件下施工，对邻近建筑物构筑物影响较小。沉井广泛应用于桥梁墩台基础、取水构筑物、污水泵站、地下工业厂房、大型设备基础、地下仓库、地下油库、人防掩蔽所、盾构拼装井、矿用竖井、地下车道与车站、地下构筑物围壁和大型深埋基础等。适用于淤泥土、砂土、黏土、砂砾等土层，尤其适用于地下水位较高或者对周围的影响受到严格限制的环境。

在沉井下沉施工中，沉井入土后在井壁摩擦阻力及刃脚下方土体与障碍物的支撑作用下，往往会导致沉井下沉困难。通常采取的助沉措施有：（1）加压；（2）接高沉井加大重量；（3）射水加压；（4）排水减少浮力，增加自重；（5）炮振；（6）预先采用泥浆润滑套；（7）采用空气幕；（8）井壁外饱水渗水等。如遇较大孤石，可由石工凿开或爆破取出；过于大块的卵石可用更大直径的吸泥机吸出；遇铁件，可由潜水员水下切割排除。

杨泗港长江大桥为长江武汉段的在建大桥，北岸连接汉阳区，南岸接武昌区。是武汉第一座双层公路桥，采取一跨跨越长江的方案，跨度长达1700m，为国内跨度最大的悬索桥，是世界上跨度第二大的悬索桥。南北两端各设计1个主塔，主塔基础设计为钢沉井结构。1号沉井位于汉阳侧河槽中，距水边线约300m，2号沉井墩位于武昌侧河槽中。受长江武汉段造桥资源的限制，杨泗港长江大桥沉井最终下沉至硬质黏土层10m处。由于沉井需要在坚硬的黏土中下沉，导致井壁摩擦阻力与刃脚下土的正面阻力较大，沉井下沉困难。在下沉到一定深度后，仅靠排水法和空气幕根本无法使沉井继续下沉，达到设计标高。由于涉水深度大（60m），无法靠潜水员进行水下钻孔爆破；此外，水下裸露爆破效果不佳，多次大剂量炸药爆炸会造成刃脚损伤，破坏沉井整体结构强度。因此，解决刃脚下土的正面阻力与井壁摩擦阻力成为沉井顺利下沉的关键。

由于爆破过程复杂，且无先例可考，急需克服以下四个问题：一是水下60m处黏土爆破的可行性及爆破参数；二是爆破扰动对沉井基底持力层黏土的力学性能的影响（土层结构可能会被破坏，无法达到沉井基底持力层承载力的要求）；三是爆破对沉井结构造成损伤与破坏，影响沉井结构的稳定性；四是提出一种切实可行的沉井助沉水下爆破关键技术，指导工程实际。为保证沉井顺利下沉和工程质量以及施工安全，迫切需要对爆破参数及爆破效果进行反复试验。由于不具备现场试验或类比试验的条件，需建立切实可行的深水-硬质黏土-钢壳混凝土有限元模型，并依此进行爆破过程的模拟实验，确保助沉爆破具有可操作性；研究爆破扰动对沉井基底持力层黏土的力学性能的影响，防止基底持力层黏土土层结构破坏，确保沉井基底的承载能力；开展爆破冲击对沉井结构的损伤研究，确定助沉水下爆破参数，确保黏土爆破过程中沉井结构不发生破坏性损伤；形成一种切实可行、安全高效的沉井助沉水下爆破施工技术。同时，在现场施工过程中，现场跟踪研究、跟踪记录每次爆破钻孔岩芯样特征，分析土层力学参数变化情况；监测爆破动载荷对沉井的振动，对前期研究成果在工程实践中进行验证和修正，及时研究解决施工过程中出现的新课题。

大桥塔基坐落在黏土持力层是建桥领域的创新探讨，而60m深水下黏土爆破在爆破工程领域也未见相关报道。开展沉井助沉水下爆破关键技术研究，可为杨泗港长江大桥主塔施工提供科学依据和施工保障，积累科学数据成果和经验，可为同类工程提供借鉴。开展沉井助沉水下爆破关键技术研究，使大型桥梁塔基选择黏土层作为沉井基底持力层成为可能，可拓宽桥梁建设的选址范围，促进桥梁建设技术的进步。因此，开展沉井助沉水下爆破关键技术研究具有开创性意义。

杨泗港长江大桥沉井下沉建设过程中，由于沉井规模大与地质条件的特殊性（沉井基底持力层为硬塑黏土），需要沉井在坚硬的黏土中下沉一定距离，然而井壁摩擦阻力与刃脚下土的正面阻力较大，导致沉井下沉困难。在下沉接触到硬塑黏土层后，传统的助沉方法均不能解决沉井在硬塑黏土持力层下沉的难题。针对此难题及类似难题，采用水下钻孔爆破的方法辅助开挖刃脚下部黏土层以消除刃脚下部黏土的正面阻力，以使沉井顺利下沉至设计标高。由此形成了一种适用于60m水深以内的基于硬塑黏土持力层的水下预埋孔钻孔爆破助沉技术。

"沉井助沉水下爆破关键技术研究"通过"沉井助沉水下爆破动力响应及结构安全数值模拟分析""水下爆破对基底黏土力学性能影响试验研究""爆破振动响应对沉井影响专题研究""沉井助沉水下爆破技术及工程应用"，阐述了沉井下沉的全过程及各关键环节的状态；给出了水下60m处黏土爆破的可行性及爆破参数；解决了爆破扰动对沉井基底持力层黏土的力学性能的影响、爆破对沉井结构造成损伤与破坏、爆破对沉井结构的稳定性影响问题；提出了系统、可行的沉井助沉水下爆破关键技术，并在武汉杨泗港长江大桥主塔基础沉井爆破助沉中得到成功应用。可以指导类似深水硬质黏土层沉井助沉施工和沉井刃脚下方土石方开挖的工程实际。

1.2　国内外研究状况分析

1.2.1　沉井施工国内外研究现状

随着工程技术的发展，沉井稳定下沉速度不断增加，如何克服侧面摩擦阻力和刃脚下土的正面阻力成为工程中突出的问题。靠增大自重以及压重法、排水法、炮振法已无法满足施工的需要。为了寻求更有效的下沉工艺，近几十年来国内外都进行了大量的工作。开拓出了不少新方法、新工艺，不少已在工程中得到了推广使用，收到了良好的效果，加大了沉井深度，加快了施工进度，获得了明显的经济效益。

从1839年法国沙龙尼（Saloney）煤田首次使用沉井施工法以来，沉井施工在地下工程中已广泛应用。国内外已建成的沉井工程中许多深度达到30m以上，平面尺寸达到3000m²以上，一些特殊用途的沉井深度可达到100m以上。在沉井的下沉施工方法上，1944～1956年，日本首先采用壁外喷射高压空气（即气幕法）的方法降低井壁与土体的摩擦阻力，使沉井的下沉深度达到156m；到20世纪60年代末至70年代初，沉井的下沉深度超过200m。50年代起，欧洲开始广泛应用向井壁与土之间压入触变泥浆以降低侧摩阻力的方法，这种方法至今仍广为流行。国内从50年代起，沉井的建造发展很快，并取得了很大的成就。采用沉井的形式建造了大量的桥梁台基础、取水构筑物、雨污水泵站、地下工业厂房、大型设备基础、地下仓库、盾构拼装井、矿用竖井以及地下车道和车站等大型深基础和地下构筑物的围体。随着越江、跨海湾、海峡大桥的兴建，以中国、日本为首大力发展深水基础，沉井施工技术由此得到很大的突破。60年代在南京长江大桥发展了重型沉井、深水钢筋混凝土沉井和钢沉井；创下建桥史上10多项第一的芜湖长江大桥是国内采用板桁结构建造的一座公、铁两用的桥梁，它的桥台制作也用沉井进行建造。自1995年9月开工至1997年10月竣工的江阴长江大桥北锚沉井，是我国已建成的整体规模世界第一的沉井，其形状为矩形多孔（格），长69m，宽51m，制作高度及下沉深度均为58m，内设纵横各五道横墙，把沉井分隔成36个仓，井壁厚度为2m，隔墙厚度为1m。该沉井下沉开始使用排水下沉方法，即用井点排水降低地下水位，井内用水力冲土，泥泵吸泥方法取土，分节浇注，分 3 次下沉到地下 30m 处。由于临近长江，地下水源丰富，到地下 30m 处，已无法排干井底的水，故改用高压水枪冲泥、真空吸泥的方法对砂土以吸为主，对黏土以冲为主，提高效率，平均每天下沉 15.6cm，到了最后 1m 时，还采用空气幕法帮助下沉，使沉井偏位和倾斜值小于规范要求。最后终沉时，顶面中心偏位仅 9.9cm，四角最大高差 9.6cm，平面扭转 7′53″，总取土方 20.6 万立方米，耗时 20 个月。该沉井的顺利施工标志着我国的沉井施工水平已达国际先进水平。

近几十年来，沉井的设计理论、施工工艺、施工机具及新型材料均有突飞猛进的发展。目前泥浆套和空气幕使用效果较好，在工程推广使用较为广泛。但均有一定的适用范围和局限性。例如泥浆套在深水基础中无使用先例，空气幕沉井在无地下水及粗砂、砾石层中也很难发挥作用；同时，沉井下沉过程中，不仅仅是受到侧壁摩擦阻力，刃脚下部还会受到正面阻力。因此，侧壁摩擦阻力及刃脚下部正面阻力成为沉井下沉过程中急需解决的一个问题。

吴久富在《利用爆破法促使沉井下沉的实践与探讨》中提出，利用爆破产生的地震波效应，可使一项仅凭自重和加配重也难快速沉降的沉井下沉。在刃脚下部利用机械形成挖土面，再在刃脚下部钻水平孔进行爆破作业。爆破产生的地震波使沉井周围土壤及其本体受到振动产生的骚动后，沉井在其惯性回位时，克服与土壤之间的静摩擦阻力，由静态启动为动态，继而产生下沉或恢复原设计正常下沉，亦可能突发一沉到挖土面。

黄世华在《大桥基础沉井内深水爆破施工》中提出，安徽无为长江大桥是京福高铁工程的重点项目，其大桥三号桥墩基础为沉井。由于该项目爆破点位于水下 50m，既不能破坏隔舱的钢沉井，又要把底部坚硬岩层爆破破碎，便于吸泥机吸出，因此设计了聚能效应设计聚能爆破器，采用水下裸露爆破的方法顺利地完成了施工任务。

田雨在《复杂地层沉井爆炸助沉法施工安全的理论分析及数值模拟》中提出，喜儿沟水电站大型调压井采用沉井法施工，考虑到沉井结构尺寸大，且位于漂卵砾石复杂地层中，在下沉中采用爆炸助沉法，通过冲击波超压的交替升降使井壁振动产生下沉，从而解决了下沉受阻问题；并针对喜儿沟工程实例，通过理论计算各动力有限元数值模拟，分别得到沉井不发生破坏的炸药量最大允许量分别为 171.13kg 和 74.87kg。

曹会清在《采用爆破方法处理沉井下沉刃脚处大漂石》中提出，在卵石层及卵石层与风化花岗岩交界层中，沉井容易遇到大漂石搁置刃脚，从而出现下沉困难和偏斜问题。针对此问题，采取水下钻孔松动爆破技术及潜水员水下处理，清除刃脚底部漂石，从而使沉井下沉，并有效控制纠偏，确保沉井匀速下沉至设计标高。

郭福胜在《齐齐哈尔龙景公路大桥沉井遇阻水下松动爆破施工方法》中提出，在黑龙江省齐齐哈尔市区的龙景公路大桥修建中，沉井施工遇到半胶结的沙砾层，采用冲击抓斗、液压抓斗等抓掘方法不能直接抓取，沉井不能预期下沉。在采取井内松动爆破方法后，较好地完成了助沉任务。

何天牛在《沉井内钻孔定向爆破助沉就位技术简介》中提出，国内大型桥梁施工中，深水中沉井基础下沉就位嵌岩往往靠潜水员水下爆破作业，效率低、进度慢，有时还会造成潜水员的伤亡和沉井的歪斜。通过在沉井上部搭设钻机，进行水下钻孔，孔内分层定向爆破技术，可使沉井下沉就位快、嵌岩准确。

1.2.2 水下钻孔爆破国内外研究现状

第二次世界大战之后，各国研究人员开始对水下爆破技术进行研究，主要从军事角度分析了水下爆炸物理现象和爆炸冲击力对舰船的破坏作用。美国学者 R. H. Cole 总结了美国水下爆破相关的实验研究及理论成果，并于 1948 年出版了《水下爆炸》，系统讲述了水下爆炸的试验方法、测试技术、物理现象以及水下爆炸载荷的传播规律和分布特点，讨论了水下爆炸作用机理，在缺乏实验测试数据的情况下，其总结的半经验半理论公式仍被广泛应用。第二次世界大战结束后，随着各国经济的恢复，水下爆破技术开始逐渐被应用于民用行业，如大坝维修、港口建设、航道整治、水下建筑物拆除等。

20 世纪 40 年代中期，各国开始从军事方面对水下爆破进行监测，华盛顿海军研究实验室采用三硝基苯甲硝胺和雷酸汞为爆破源，在波拖马可河上进行了水下爆破监测实验，采用压力传感器、阴极射线示波器和宽带放大器，测量了 1.4m 水深处近距离范围内的爆炸冲击波，并对水下爆破冲击波的传播规律进行了研究。美国海军海面武器中心用 453.6kg 炸药进行了深海爆破实验，在 152.4m 和 304.8m 的水深处，安装电气压电传感器和 LC-32 水听器，采集两处的爆炸冲击波信号，并将信号记录在 20kHz 的 AmpexFR-1300 磁带记录仪中。

从 20 世纪 50 年代以来，随着水下爆破技术的不断推广，在工程中存在的各类问题引起了爆破学术专家、工程应用部门和环保部门的关注。比如怎样合理设计爆破方案有效破坏破碎目标；怎样防护处于水下爆破复杂环境中的建筑物和水工设施；怎样减少爆破对海洋生物的影响，降低爆破有害效应，并编写水下爆破工程规范手册，为水下爆破施工提供参考。针对水下爆破工程中的具体问题，国内外学者在已有理论基础之上，利用现代实验设备和计算机仿真技术，对水下爆破理论和爆破孔网参数的优化开展了进一步的研究。

20 世纪 50 年代末，瑞典在开挖林多运河过程中，首次采用了水下钻孔爆破技术，成为水下爆破技术发展史上一个新的里程碑。随后美国、苏联、日本、意大利、英国等逐渐将水下爆破技术应用于航道整治、港口建设以及跨海大桥建设等项目中。从 20 世纪 60 年代开始，国外爆破学者对水下爆破及爆破参数优化进行了大量研究，并取得了丰硕的成果。

苏联学者萨道夫斯基等系统研究了水下爆炸冲击的传播规律、界面反射和折射作用等流体动力学问题，并取得了重大成果。1950 年，英国和美国的研究人员把公开的水下爆炸军事应用领域的相关成果编写成《水下爆炸研究文集》，系统描述了水下爆炸冲击波传播、气泡脉动和水下爆炸对构筑物的损伤 3 个方面的物理现象。

1975 年，美国海军研究实验室与海面武器中心合作，在挪威海域进行了 8b（1b=0.45359237g）、48b 和 1000b 的爆破实验，并采用 LC-32 水听器、压电传感器和 FR. 1300 磁带记录仪对浅海水下爆破进行监测，测得了各类噪声波形，通过时域解卷积得到了消除反射影响后的噪声波形。Chapman 等在加拿大温哥华北部采用 0.82kgSUS 炸药进行了不同引爆深度下的水下爆破实验，并通过 Atlantic Research CorporationBC-32、A/D 转换设备以及磁带记录设备采集数据，通过分析爆破数据研究了浅海水下爆破声源级。

H. G. Snay 系统阐述了水下爆炸时运用爆炸相似律基本前提和方法，根据实验论述了水下爆炸冲击波的形成和传播规律、气泡脉动情况和能量分配、圆柱壳体动态响应以及水下平板的二次加载等问题。

近年来，随着力学知识的发展和工程中实际问题的具体化，国外学者结合断裂力学和损伤力学对水下爆破做了更为细致的研究。G. J. McShane 等分别测量了方形蜂窝芯材和波纹芯材的夹层板在水下爆炸冲击波作用下的动力响应，将传给夹层板的总动量和芯材的压实度作为芯材强度、正表面质量和爆炸脉冲时间常数的函数。运用有限元软件进行流固耦合阶段的计算，发现芯材拓扑结构的选择对芯材压实度和动态压力有较大的影响，但是对总动量的传播影响较小。对于两种拓扑结构，减少正面质量会削减总动量的传播，但是可以增加芯材压实度；相反，爆炸脉冲时间常数的增加会降低芯材压实度，但是有利于单片板动力的降低，而且单层板的结果相当于夹层板可以忽略不计。在考虑多数条件的情况下，夹层板的结果介于芯材自耦合变形和流固耦合变形之间。

Alban de Vaucorbeil 等运用包括应变率效应模拟不同的单向玻璃纤维和基体复合材料破坏模式的失效准则，建立了一个流固耦合的有限元模型，研究单片板和三合板的变形以及失效机理，层压模型采用 Hashin 纤维失效准则和修订的 Tsai-Wu 矩阵失效准则。根据能量释放标准通过现行软化规则更新后的失效机制，复合模型使用 5 个变量，并引入修正后的断裂韧性来判断纤维断裂和拉拔力之间的区别，以此作为纵向正应力与有效剪切应力比值的函数。在三合板实例中，运用有体积硬化效应和应变率敏感效应的碎泡沫塑性模型建立的核心压实模型，得到的本构关系可用于预测单片板和三合板在水下爆炸冲击载荷作用下的变形历程、纤维/基体破坏模式和内部分层。对比数值预测结果和实验观测结果,可以证明,复合损伤模型得到的空间分布和损伤规模比之前开发的更为准确。

A. Schiffer 和 V. L. Tagarielli 通过在水介质中建立正交平面弹性板分析模型,预测其循环反应和冲击波指数衰减规律,模型考虑平板弯曲波的传播和流固结构相互作用之前和之后的水空化效应,运用动态有限元软件模拟,发现两者相一致。结果表明,载荷的描述可能会产生错误的结果。各向同性复合材料的反应显示复合板对水下爆炸性能有轻微的影响,可以作为给定质量的水下爆破平板设计的参考依据。

Vaibhav Mittal 等为了研究爆炸冲击载荷作用于民用基础设施的动力响应,选取储水、牛奶、液体石油和化工等行业不可缺少的液体储罐为研究对象,采用 Abaqus 有限元软件建立了不同水位比的钢储罐三维数值模型,为有利于考虑流固耦合的基本理学方程,运用欧拉拉格朗日方法,分析水占钢储罐的比例、罐壁厚度、钢储罐底部边界条件和爆破荷载等级对钢储罐动力响应的影响,并对罐壁的最大环向应力和剪切应力、罐中水位高度和钢储罐的能量响应进行了研究,发现钢储罐应力随着水位高度和炸药距离的增加而减少,并呈一定比例。

Adapaka Srinivas Kumar 等通过进行空气、水、部分水和自由流动水 4 种模式下双层船壳的爆破实验,发现使用当代双层船壳的核潜艇可以增强抵御爆炸冲击载荷的能力。当两个船壳相距一定距离时,船壳内部爆炸载荷会显著降低。通过对各种模式下双壳对减少损害程度的影响进行探讨,并运用有限元软件对相似爆炸条件下空气模式和不同水模式中双层船壳的动力响应进行模拟和对比,得到空气模式与不同水模式相比,船壳的损害可减少 22.5%~63%。

20 世纪中期,我国在水下爆破技术方面取得了重大突破,通过水下爆破工程实践,爆破学者在水下爆破作用机理、孔网参数优化以及水下爆破安全等各个方面进行了系统的研究,并取得了一定的成果。广东省对黄埔港进行整治时,将专用作业平台置于水面上,配备双层套管,完成钻孔、装药及起爆工作,突破了水下炸礁的传统工艺,为我国的航运工程提供了先进经验。

梁振业针对选用孔距 2.5m、排距 2.5m、超深 1.6m 的梅花形布孔时,水下钻孔爆破施工中出现的问题和解决方法进行了探讨,结合西江界和东莞水道爆破工程,通过减小孔距、调整超深成功解决了原爆破参数下爆破时不能形成标准抛掷爆破漏斗和爆炸能量利用率不高的问题,同时降低了工程经济成本,缩短了施工工期,达到了提高经济效益的目的。

林强结合厦门海沧 7 号泊位水下炸礁工程,对其孔网参数和爆破安全进行了研究,在施工过程中安置 4 台钻机,孔距为 3m,排距为 2.0m,超深为 2.0m,炸药单耗为 1.5kg/m^3,采用间隔装药和连续装药两种装药结构,选择毫秒微差电雷管沿岩石厚度方向进行逐排、逐孔爆破,同时,为保护爆破区域内的白海豚,在钻机工作停止后立即起爆,并安排专职人员进行瞭望工作,发现白海豚出现立即停止爆破施工,在后期施工中,根据现场情况逐渐调整孔网参数,最终妥善解决了复杂环境下爆破施工质量和环保问题。

郭强以上海浦东大桥 PM445 墩位为研究对象,结合水下爆破基本理论和工程实践,运用 LS-DYNA 动力学分析软件,建立了数值计算模型,对水下钻孔爆破过程中岩石的单元应力、振动速度的时程变化进行了分析,得出水下钻孔爆破时的最优孔网参数;同时分析研究了相同物理化学性质的岩石在陆地爆破时,为达到相同破碎效果需要的炸药单耗,通过对比发现,在一定范围内水下爆破和陆地爆破的炸药单耗呈线性关系。

邵鲁中为研究水下钻孔爆破施工时,水深对爆炸冲击波峰值压力的影响,在上海洋山深水港区近海附近进行了爆破实验,采用冲击波传感器和电荷放大器对冲击波信号进行采集,并运用经验公式计算冲击波压力峰值,对比实测值和理论值发现,实测压力峰值小于理论计算值,通过分析实验数据,可以验证爆炸冲击波压力随着离爆源距离的增加而减小,并且得出了水深对爆炸冲击波压力的影响。

梁开水针对水下能见度较低,以及受潮汐、流速等因素的影响,爆破施工中可能导致事故发生的潜在危险因素比较多的问题,采用因果分析图对施工过程中潜在的危险源进行辨析,利用层次分析法对危险源的因果关系构造递阶层次结构,结合 1-9 判断标度求出各评价因素的判断矩阵,并进行权重计算和一致性检验,最后利用模糊数学对钻爆施工安全问题进行了综合评价。通过工程实例检验,证明模糊综合评价方法在实际应用中是可行的。

梁禹以长江太子矶水下炸礁工程为背景,结合国内外常用的水下钻孔爆破孔网参数计算公式,初步确定了堵塞长度;运用 LS-DYNA 有限元软件,建立不同堵塞长度下的三维实体单元,并采用 ALE 多物质算法进行计算,通过对比分析得出该工程的最优堵塞长度为 140cm 左右,与经验公式计算结果相一致,并将该最优堵塞长度运用到徐州酒厂水井开挖工程中,取得了良好的爆破效果。

李泉分析了影响水下钻孔爆破炸药单耗的影响因素,结合水深、炸药性能指标和水下清渣设备的能力,对国内外常见的几种炸药单耗计算公式进行了研究和探讨,发现《水运工程爆破技术规范》给出的计算公式没有从量的角度考虑水深,当水深变化时,该公式不能适用。国内专家考虑水深后,对规范公式进行了修正,但是简单认为水深增加会增加炸药单耗,这与实际工程经验不符。日本和瑞典也提出了各自的炸药单耗计算公式,几种公式计算的结果不一致。其基于清渣设备的能力,得到了修正后的炸药单耗计算公式,并将其运用于工程实例中,发现爆破效果较为理想。

杨磊以武汉新港阳逻集装箱码头的水下钻孔爆破工程为背景,对水下爆破振动信号进行检测，总结出爆破振动速度衰减的计算公式，提出了安全判据和最大允许装药量，并运用小波分析法对采集到的振动信号进行了分析，讨论了爆心距对振动信号的影响；同时，为确保长江大坝的安全，对长江大坝进行了监测和评估。

汪竹平为提高成孔率，解决找孔难的问题，采用了套管钻孔法，并在成孔后立刻安装 PVC 套管护孔，在施工过程中，选取缩小的孔网参数，加大了填塞长度，并通过钢管架进行防护，在减小水柱飞溅高度的同时控制了爆破飞石，此外，采用萨道夫斯基公式对 K、α 值进行了回归分析，可用于预测保护对象位置的爆破振动速度。

汪庆桃等对水深为 3m 的过江水下沟槽进行水下钻孔爆破施工，选用 XY-100 型钻孔机具和具有良好抗水性的直径 90mm 的乳化炸药，考虑水下爆破环境，设计孔距和排距均为 1.5m，超深为 1.5m，钻孔深度为 2.7m，并用两发毫秒导爆管雷管起爆，施工过程中，根据《爆破安全规程》控制爆破震动、冲击波效应和爆破飞石，最终取得了良好的爆破效果，并从中发现搭建良好的钻孔平台是水下钻孔爆破的关键步骤。

1.2.3 沉井施工及水下钻孔爆破国内外研究现状分析

如前所述，沉井施工经过 200 多年的发展已经十分成熟，特别是在 20 世纪 60 年代传入我国后，亦得到了长足的发展。20 世纪 80 年代，我国将爆破技术引入到沉井施工中，分别利用爆破振动、舱内钻爆和潜水装药处理大块岩石等技术手段，使沉井技术更进一步。与此同时，20 世纪中期，我国在水下爆破技术方面也取得了重大突破，在水下爆破作用机理、数值仿真、孔网参数优化以及水下爆破安全等各个方面进行了系统的研究，并取得了一定的成果。

随着社会的进步，由于造桥资源的紧张和社会发展的需要，武汉市杨泗港大桥主塔沉井基础需建造在硬质黏土层中，产生了现有技术无法克服的问题：（1）以增加自重或降低侧摩阻为主要手段的助沉技术无法帮助沉井克服下方硬质黏土支撑力的作用；（2）60m 深水条件下无法实施钻孔爆破；（3）外敷药包爆破无法解决 2m 多厚的大规模土方爆破开挖问题；（4）水下 60m 处黏土爆破的可行性及爆破参数；（5）爆破扰动对沉井基底持力层黏土的力学性能的影响（土层结构可能会被破坏，无法达到沉井基底持力层承载力的要求）；（6）爆破对沉井结构造成损伤与破坏，影响沉井结构的稳定性；（7）社会对杨泗港大桥的需要已迫在眉睫，必须提出一种切实可行沉井助沉水下爆破关键技术，指导工程实际。现有的传统沉井施工技术和水下爆破技术不能解决上述问题，只能依托目前水下钻爆研究成果，开发新的沉井助沉水下爆破技术。

2 沉井助沉水下爆破有限元数值模拟

　　人们在广泛吸收现代数学、力学理论的基础上，借助现代科学技术的产物——计算机来获得满足工程要求的数值解，这就是数值模拟技术。数值模拟作为一种综合应用计算力学、计算数学、信息科学等相关科学和技术的综合工程技术，是支持工程技术人员进行创新研究和创新设计的重要工具与手段，是现代工程学形成和发展的重要推动力之一。现如今数值模拟已经发展成为与理论分析、实验研究并称的解决工程实践问题的三大手段之一。

　　数值模拟软件工具的出现为爆炸与冲击问题等高速瞬态现象的研究提供了一种新的途径，数值模拟方法根据系统的守恒控制方程、材料本构模型和状态方程联立求解，可对系统作用全过程进行模拟和观测，并可对爆炸和冲击荷载作用下结构的动力响应和安全性进行模拟和分析，因而该方法比分析技术具有更广的应用范围。

2.1 常用的爆破数值模拟软件

　　数值模拟是爆炸与冲击领域必不可少的研究手段。20 世纪 70 年代，美国、法国、德国等国家的学者敏锐地觉察到数值模拟的重要性和必要性，相继开始编写相关程序，进行软件的研发。当前，在工程爆破领域内主要有两大类的数值模拟方法，其分别是连续介质数值法和非连续介质数值法。连续介质数值的方法有边界元法、有限差分法和有限元法等；而非连续介质数值的方法以不连续变形分析法、离散单元法和块体理论法为主。在这些方法中，有限元法是目前工程技术领域中实用性最强、应用最广泛的数值计算方法。常用爆破数值模拟软件见表 2-1。

表 2-1 常用爆破数值模拟软件

程　序	研究者	方法	性能简介	发表年份
PRONTO	美国桑迪亚实验室	有限元	爆破引起的岩石损伤破碎计算	1990
DMC（distinct model code）	美国桑迪亚实验室与 ICI 公司共同开发	离散元	煤矿台阶爆破，包括抛掷爆破的计算机模拟	1993

续表 2-1

程　序	研究者	方法	性能简介	发表年份
LS-DYNA	美国劳伦斯·利弗莫尔国家实验室	有限元	DYNA 程序,是一个显示非线性动力分析通用的有限元程序,可以求解各种二维、三维爆炸动力响应问题,运用该程序对硐室爆破、台阶爆破、药壶爆破进行的数值模拟,都取得了较好的效果	1976
AUTODYN	ANSYS 子公司 Century Dy namics 公司研发	有限元	AUTODYN 是一个显示有限元分析程序,用来解决固体、流体、气体及其相互作用的高度非线性动力学问题。它提供很多高级功能,具有深厚的军工背景,典型应用包括针对城市中的爆炸效应,对建筑物采取防护措施,并建立保险风险评估和高速动态荷载下材料的特性	1993
DDA (discontinuous deformation analysis)	美国 DDA 公司	不连续变形分析	DDA 方法可计算不连续任意形状块体的接触变形问题。DDA 方法的数学模型采用隐式算法,适用于静力学和动力学	1985
HSBM (hybrid stress blasting model)	众多研究单位联合研发	有限元和离散元	可以模拟爆破的全过程,诸如炸药的爆轰、冲击波传播、岩石破碎、岩石抛掷、爆堆形成、震动等	2001
ABAQUS	SIMULIA 公司	有限元	可以分析复杂的固体力学和结构力学系统,求解碰撞、跌落和爆炸等高速动力学问题	1978

2.2　数值模拟解决工程问题的基本流程

应用数值模拟解决工程问题的基本流程如图 2-1 所示。

2.3　数值模拟解决工程问题的主要步骤

应用数值模拟解决工程问题的主要步骤如下:

(1) 研究分析对象。针对所需研究的工程问题进行分析,重点分析问题的基本类型(物理问题、化学问题等)、场类型(气体流场、爆炸场、电磁场等)、

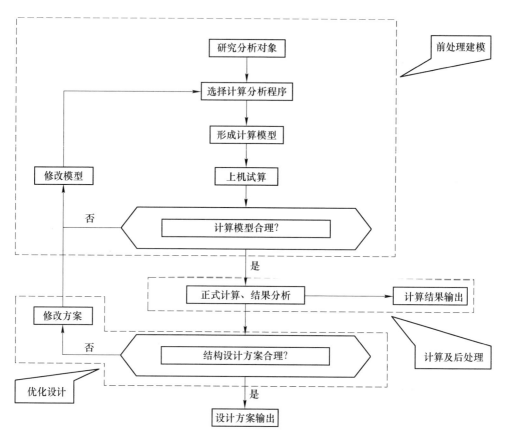

图 2-1　应用数值模拟解决工程问题的基本流程

物体形态（固、液、气等）、问题性质（结构动力、模态、冲击响应、爆炸驱动）等。

（2）选择计算分析程序。根据问题类型选择相适合的数值分析程序，如流体问题选择 Fluent，冲击碰撞问题选择 LS-DYNA 或 Dytran，爆炸驱动问题选择 AUTODYN 或 LS-DYNA 等。

（3）形成计算模型。形成计算模型即本章重点讲述的数值模拟建模。利用实际工程问题中物体的几何结构、载荷特征的对称性等信息简化模型，定义材料属性和相关参数，划分网格得到离散的数值模型，设定边界条件约束信息，并生成数值模拟程序需要的格式数据文件。

（4）上机试算。上机试算主要是验证所建立计算模型的合理性，包括网格尺寸、算法选择、材料模型及参数等。如果所构造模型不合理需修改计算模型重新计算。

（5）正式计算、结果分析。在模型验证的基础上，根据计算设定的工况对工程问题进行数值模拟,该部分工作主要由计算机完成。模拟完成后,对计算结果进行分析,形成仿真计算报告。

(6) 设计方案输出。根据数值计算结果判断结构方案的合理性,如果结构方案不能满足设计指标要求,修改结构方案后重新计算,直至得到满意结果。

2.4　数值模拟程序组成

一般来说,数值模拟在软件中的实现过程包含三个主要步骤。不论使用哪种分析工具,从程序结构上讲,这三个主要步骤都大致相同,即前处理、求解计算、后处理。数值模拟基本步骤如图 2-2 所示。

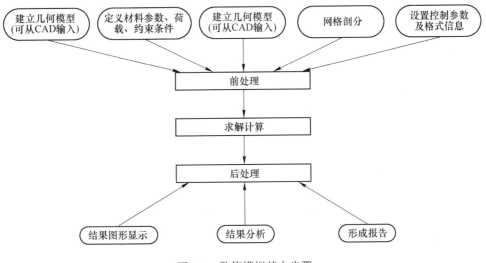

图 2-2　数值模拟基本步骤

(1) 前处理。前处理主要完成几何模型的建立、定义材料属性和相关参数、划分网格得到离散模型、定义边界条件等,最后按一定格式形成数值模拟程序所需要格式的计算数据。前处理完成的工作一般称为数值建模。在前处理中,可以用图形显示所建立的几何模型、单元网格、约束条件等,以便用可视化的方法检查所建立的数值模型。

(2) 求解计算。求解计算是数值模拟程序的核心部分,完成数值模型的力学计算,即根据前处理形成的初始模型数据,计算单元刚度矩阵,计算节点载荷,组装总体刚度矩阵,将载荷等效简化到节点上,形成总体平衡方程,求解节点位移,计算应力、应变、内力等。

(3) 后处理。得到计算结果以后,另外一个重要的步骤就是后处理。后处理可以根据计算要求对计算结果进行检查、分析、整理、打印输出等。求解器求得的计算结果都是以数据形式存放在硬盘上的,而且数据量非常大,以人工方式从庞大的数据中找出关键数据，分析位移、应力等的变化规律将是一件烦琐的不容易做的工作。

后处理器首先要具备的功能就是具有直观显示结果的能力，好的后处理器可以以各种方式对结果进行显示和处理。基本功能有云图、动画、列表、曲线等，高级功能有数据组合、结果叠加、计算报告生成等。应该说，后处理器的功能实现性和求解器本身的结果内容及结果兼容性有很密切的关系。

后处理器具备的另外一个功能就是结果准确性的判断。其实这种提法并不十分准确，结果准确性的判断主要还是依靠软件使用者本身的力学知识和工程经验，只不过通过后处理器中一些特殊的结果显示功能来实现而已。比较常见的方法如通过显示不同单元计算结果数据来判断网格密度是否足够，通过误差估计方法和各种误差数值来判断网格离散误差，通过各种曲线和结果比较来判断结果分布趋势是否合理等。

进行数值模拟时，求解器要做的工作是由计算机完成的。所以，对于计算者来讲，进行数值模拟的工作量主要体现在前处理、后处理方面。三个阶段所用的人工时间占总时间的比例大致为 40%~45%、5% 及 50%~55%。

2.5　有限元程序的算法基础

2.5.1　拉格朗日（Lagrange）算法

有限元程序中提供的主要算法，是理论力学研究质点系运动所采用的跟踪质点运动轨迹的 Lagrange 增量法。在该算法中，坐标固定在物质上或者说随物质一起运动和变形，处理自由面和物质界面非常直观，由于网格始终对应物质，因此能够精确地跟踪材料边界和描述物质之间的界面。但是，由于网格随材料流动而变形，一旦网格变形严重，就会引起数值计算的不稳定，甚至使得计算无法继续进行（如发生负体积或复杂声速等问题）。因此，Lagrange 算法在处理大变形大位移问题时，有其无法克服的弊端。考虑到 Lagrange 算法的跟踪自由面和物质界面的优点，工程爆破过程的数值模拟计算主要选择 Lagrange 算法来完成。

在拉格朗日坐标系中，用偏微分方程来表述质量、动量和能量守恒。这些连同材料模型以及一系列的初始和边界条件来对问题进行全面的定义。拉格朗日区域中的材料在任何变形条件下都停留在区域内部。

拉格朗日网格连同材料一起移动和变形，自动满足质量守恒。物体在任一时刻的密度都可以通过其初始质量和当时的体积确定：

$$\rho = \frac{\rho_0 V_0}{V} = \frac{m}{V} \tag{2-1}$$

表述动量守恒的偏微分方程（加速度和应力张量的关系式）：

$$\begin{cases} \rho \ddot{x} = \dfrac{\partial \sigma_{xx}}{\partial x} + \dfrac{\partial \sigma_{xy}}{\partial y} + \dfrac{\partial \sigma_{xz}}{\partial z} \\[2mm] \rho \ddot{y} = \dfrac{\partial \sigma_{yx}}{\partial x} + \dfrac{\partial \sigma_{yy}}{\partial y} + \dfrac{\partial \sigma_{yz}}{\partial z} \\[2mm] \rho \ddot{z} = \dfrac{\partial \sigma_{zx}}{\partial x} + \dfrac{\partial \sigma_{zy}}{\partial y} + \dfrac{\partial \sigma_{zz}}{\partial z} \end{cases} \tag{2-2}$$

应力张量被分解成一个静水压力 p 和一个应力偏量，关系如下：

$$\begin{cases} \sigma_{xx} = -(p + q) + S_{xx} \\ \sigma_{yy} = -(p + q) + S_{yy} \\ \sigma_{zz} = -(p + q) + S_{zz} \\ \sigma_{xy} = S_{xy} \\ \sigma_{yz} = S_{yz} \\ \sigma_{zx} = S_{zx} \end{cases} \tag{2-3}$$

静水压力 p 的符号沿用通常的定义方式，即拉应力为正，压应力为负。在实际应用的公式中，静水压力 p 由人工黏性力 q 决定。

应变张量 ε_{ij} 由应变率和速度 $\varepsilon_{ij}(\dot{x}, \dot{y}, \dot{z})$ 的关系式确定：

$$\begin{cases} \dot{\varepsilon}_{xx} = \dfrac{\partial \dot{x}}{\partial x} \\[3mm] \dot{\varepsilon}_{yy} = \dfrac{\partial \dot{y}}{\partial y} \\[3mm] \dot{\varepsilon}_{zz} = \dfrac{\partial \dot{z}}{\partial z} \\[3mm] \dot{\varepsilon}_{xy} = \dfrac{1}{2}\left(\dfrac{\partial \dot{x}}{\partial y} + \dfrac{\partial \dot{y}}{\partial x} \right) \\[3mm] \dot{\varepsilon}_{yz} = \dfrac{1}{2}\left(\dfrac{\partial \dot{y}}{\partial z} + \dfrac{\partial \dot{z}}{\partial y} \right) \\[3mm] \dot{\varepsilon}_{zx} = \dfrac{1}{2}\left(\dfrac{\partial \dot{z}}{\partial x} + \dfrac{\partial \dot{x}}{\partial z} \right) \end{cases} \tag{2-4}$$

并且应变率和体积变化率的关系为：

$$\frac{\dot{V}}{V} = \dot{\varepsilon}_{xx} + \dot{\varepsilon}_{yy} + \dot{\varepsilon}_{zz} \tag{2-5}$$

在弹性范围内，我们可以根据式（2-5）和表征偏应力与应变率关系的胡克定律推导出：

$$\left.\begin{array}{l} \dot{S}_{xx} = 2G\left(\dot{\varepsilon}_{xx} - \dfrac{1}{3}\dfrac{\dot{V}}{V}\right) \\[3mm] \dot{S}_{yy} = 2G\left(\dot{\varepsilon}_{yy} - \dfrac{1}{3}\dfrac{\dot{V}}{V}\right) \\[3mm] \dot{S}_{zz} = 2G\left(\dot{\varepsilon}_{zz} - \dfrac{1}{3}\dfrac{\dot{V}}{V}\right) \\[3mm] \dot{S}_{xy} = 2G\dot{\varepsilon}_{xy} \\[2mm] \dot{S}_{yz} = 2G\dot{\varepsilon}_{yz} \\[2mm] \dot{S}_{zx} = 2G\dot{\varepsilon}_{zx} \end{array}\right\} \tag{2-6}$$

为了模拟如刚体旋转、塑性流动、损伤及下面描述的失效等的真实效果，偏量同样要进行调整。

压力 p 同密度 ρ 以及特定的内能 e 相关：

$$p = f(\rho,\ e) \tag{2-7}$$

同时伴随着能量守恒方程：

$$\dot{e} = \frac{1}{\rho}(\sigma_{xx}\dot{\varepsilon}_{xx} + \sigma_{yy}\dot{\varepsilon}_{yy} + \sigma_{zz}\dot{\varepsilon}_{zz} + 2\sigma_{xy}\dot{\varepsilon}_{xy} + 2\sigma_{yz}\dot{\varepsilon}_{yz} + 2\sigma_{zx}\dot{\varepsilon}_{zx}) \tag{2-8}$$

式（2-8）为三维拉格朗日算法的控制方程。在实际应用中，经常可以将计算问题简化为二维轴对称或平面对称问题，此时式（2-2）~式（2-8）不再含有 z 轴方向的项。即在二维情况下，用于描述加速度和应力张量关系的式（2-2）可简化为：

$$\left.\begin{array}{l} \rho\ddot{x} = \dfrac{\partial\sigma_{xx}}{\partial x} + \dfrac{\partial\sigma_{xy}}{\partial y} \\[4mm] \rho\ddot{y} = \dfrac{\partial\sigma_{xy}}{\partial x} + \dfrac{\partial\sigma_{yy}}{\partial y} \end{array}\right\} \tag{2-9}$$

对于平面对称和轴对称情况：

$$\left.\begin{array}{l} \rho\ddot{x} = \dfrac{\partial\sigma_{xx}}{\partial x} + \dfrac{\partial\sigma_{xy}}{\partial y} + \dfrac{\sigma_{xy}}{y} \\[4mm] \rho\ddot{y} = \dfrac{\partial\sigma_{xy}}{\partial x} + \dfrac{\partial\sigma_{yy}}{\partial y} + \dfrac{\sigma_{yy} - \sigma_{\theta\theta}}{y} \end{array}\right\} \tag{2-10}$$

其中应力张量同样被分成一个静水压力 p 和一个应力偏量：

$$\left.\begin{array}{l} \sigma_{xx} = -(p + q) + S_{xx} \\[2mm] \sigma_{yy} = -(p + q) + S_{yy} \\[2mm] \sigma_{\theta\theta} = -(p + q) + S_{\theta\theta} \\[2mm] \sigma_{xy} = S_{xx} \end{array}\right\} \tag{2-11}$$

应变张量 $\boldsymbol{\varepsilon}_{ij}$ 由应变率和速度 $(\dot{x},\dot{y})$ 的关系式确定：

$$\left.\begin{aligned}
\dot{\varepsilon}_{xx} &= \frac{\partial \dot{x}}{\partial x} \\[2mm]
\dot{\varepsilon}_{yy} &= \frac{\partial \dot{y}}{\partial y} \\[2mm]
\dot{\varepsilon}_{\theta\theta} &= 0 \quad （对平面对称） \\[2mm]
\dot{\varepsilon}_{\theta\theta} &= \frac{\dot{y}}{y} \quad （对轴对称） \\[2mm]
\dot{\varepsilon}_{xy} &= \frac{1}{2}\left[\frac{\partial \dot{x}}{\partial y} + \frac{\partial \dot{y}}{\partial x}\right]
\end{aligned}\right\} \tag{2-12}$$

并且这些应变率和体积的变化率相关：

$$\frac{\dot{V}}{V} = \dot{\varepsilon}_{xx} + \dot{\varepsilon}_{yy} + \dot{\varepsilon}_{\theta\theta} \tag{2-13}$$

材料的弹性特性式（2-6）可简化为：

$$\left.\begin{aligned}
\dot{S}_{xx} &= 2G\left[\dot{\varepsilon}_{xx} - \frac{1}{3}\frac{\dot{V}}{V}\right] \\[2mm]
\dot{S}_{yy} &= 2G\left[\dot{\varepsilon}_{yy} - \frac{1}{3}\frac{\dot{V}}{V}\right] \\[2mm]
\dot{S}_{\theta\theta} &= 2G\left[\dot{\varepsilon}_{\theta\theta} - \frac{1}{3}\frac{\dot{V}}{V}\right] \\[2mm]
\dot{S}_{xy} &= 2G\dot{\varepsilon}_{xy}
\end{aligned}\right\} \tag{2-14}$$

而能量守恒方程则可写为：

$$\dot{e} = \frac{1}{\rho}(\sigma_{xx}\dot{\varepsilon}_{xx} + \sigma_{yy}\dot{\varepsilon}_{yy} + \sigma_{zz}\dot{\varepsilon}_{zz} + 2\sigma_{xy}\dot{\varepsilon}_{xy} + 2\sigma_{yz}\dot{\varepsilon}_{yz} + 2\sigma_{zx}\dot{\varepsilon}_{zx}) \tag{2-15}$$

图 2-3 所示为拉格朗日子网格每个时间步长（或循环）所需要完成的一系列计算。从图的底部开始，边界或相互作用力与上次循环计算的内节点力进行合并更新，然后根据动量公式及其积分式来计算所有的非相互作用拉格朗日节点的加速度、速度及位移；由此可以计算新单元的体积和应变率；然后再应用材料模型和能量公式计算压力、应力、能量及下一步循环开始应用的力。

2.5.2 欧拉（Euler）算法

Euler 算法与 Lagrange 算法有明显的不同，在 Euler 算法中，网格被固定在空间，是不变形的。物质通过网格边界流进流出，物质的大变形不直接影响时间步

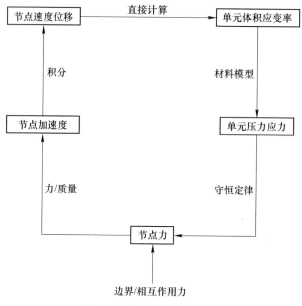

图 2-3　拉格朗日算法循环

长的计算。因此，欧拉算法在处理大变形问题方面具有优势。欧拉方法通过输运项计算体积、质量、动量和能量的流动。欧拉算法的缺点是，网格中物质边界不清晰，难以捕捉各物质界面，且计算耗时长。

速度梯度 L 是依据速度 $u = (U,\ V,\ W)$ 定义的：

$$L_{ij} = \frac{\partial u_i}{\partial x_j} \tag{2-16}$$

它可以被分成对称部分 $\boldsymbol{D}_{ij}$ 变形速率张量以及非对称的部分 $\boldsymbol{W}_{ij}$ 旋转张量：

$$\boldsymbol{D}_{ij} = \frac{1}{2}\left(\frac{\partial u_i}{\partial x_j} + \frac{\partial u_j}{\partial x_i}\right) \tag{2-17}$$

$$\boldsymbol{W}_{ij} = \frac{1}{2}\left(\frac{\partial u_i}{\partial x_j} - \frac{\partial u_j}{\partial x_i}\right) \tag{2-18}$$

此处

$$\mathrm{Trace}(\overline{D}) = \frac{\partial u_i}{\partial x_i}\mathrm{div}u \tag{2-19}$$

在差分形式中，质量守恒定律或连续方程可以表示为：

$$\frac{\mathrm{d}\rho}{\mathrm{d}t} = \frac{\partial \rho}{\partial t} + u_i\frac{\partial \rho}{\partial x_i} = -\rho\mathrm{div}u \tag{2-20}$$

或

$$\frac{\partial \rho}{\partial t} = -\frac{\partial(\rho u_i)}{\partial x_i} \tag{2-21}$$

动量守恒方程可表示为：

$$\rho \frac{\mathrm{d}u}{\mathrm{d}t} = \rho b + \mathrm{div}\ \overline{\sigma} \tag{2-22}$$

或
$$\frac{\partial}{\partial t}(\rho u_i) = \frac{\partial}{\partial x_j}\sigma_{ij} - \frac{\partial}{\partial x_j}(\rho u_i u_j) + \rho b_i \tag{2-23}$$

能量守恒方程可以表示为:

$$\rho \frac{\mathrm{d}}{\mathrm{d}t}(e + k) = \mathrm{div}(\overline{\sigma}u) + \rho bu \tag{2-24}$$

或
$$\rho \frac{\mathrm{d}}{\mathrm{d}t}\left(e + \frac{1}{2}u_i u_i\right) = \frac{\partial}{\partial x_i}(\sigma_{ij}u_j) + \rho b_i u_i \tag{2-25}$$

或
$$\rho \frac{\mathrm{d}e}{\mathrm{d}t} = \overline{\sigma} : \overline{D} \tag{2-26}$$

欧拉算法将空间网格固定,通过材料在网格间的流动来模拟物态的变化。图 2-4 给出了欧拉网格中在每一个时间步长(或循环)内的计算过程。从图顶部开始,根据初始条件、不同材料在网格中的分布计算单元密度和应变率,根据能量守恒方程连同材料的状态方程确定单元的压力及内能,再根据本构方程计算单元的偏应力,根据动量守恒确定面冲量,结合外部力计算单元动量,计算出面流动速度和单元应变率,连同时间步长将材料输运到下一时刻新单元。

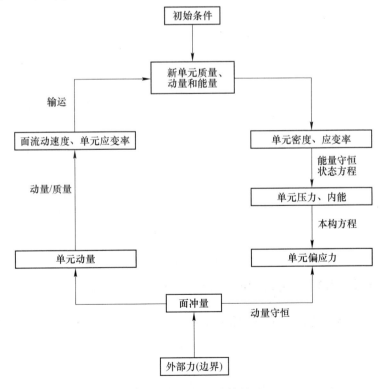

图 2-4 欧拉算法计算循环

2.5.3 任意拉格朗日-欧拉（ALE）算法

任意拉格朗日-欧拉（ALE）算法最早是由 Noh（1964 年）以耦合欧拉-拉格朗日算法的术语提出的，并用有限差分法求解带有移动边界的二维流体动力学问题。ALE 算法吸取了欧拉法和拉格朗日法两种方法的优点，在 ALE 算法中，计算网格可以在空间中以任意的形式运动，即可以独立于物质坐标系和空间坐标系运动。这样通过规定合适的网格运动形式可以准确地描述物体的移动界面，并维持单元的合理形状。

ALE 算法的特点是它采用的网格既不是欧拉算法的固定网格，又不是拉格朗日算法的随体网格，而是每隔一个或若干个时间步长，根据物质区域的流动边界构造一组合适的网格，以避免在严重扭曲的网格上进行计算。图 2-5 所示为 ALE 算法的计算循环图。从循环图中可以看出，如果不应用 ALE 子循环则整个循环就是拉格朗日算法，如果应用 ALE 子循环，则需要增加一个映射步/输运步。每个单元输运步的成本通常大于拉格朗日步，输运步的绝大部分时间都用来计算相邻单元的材料输运，只有很小一部分时间用于计算怎样调整和哪里的网格需要调整。

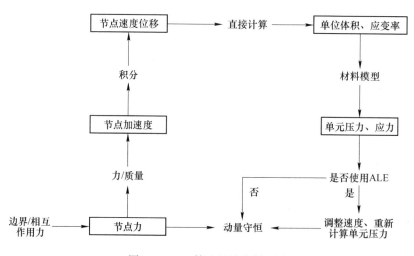

图 2-5 ALE 算法的计算循环图

2.6 基于 LS-DYNA 的沉井助沉水下爆破有限元数值模拟

2.6.1 LS-DYNA 动态非线性有限元软件介绍

2.6.1.1 软件介绍

LS-DYNA 软件最初由美国劳伦斯·利弗莫尔国家实验室（美国三大国防实

验室之一）的 J. O. Hallquist 博士主持完成开发，主要用于求解三维非弹性结构在高速碰撞、爆炸冲击下的大变形动力响应，其目的主要是为北约组织的武器结构设计提供分析工具，1976 年发布时称为 DYNA 程序。1988 年，J. O. Hallquist 博士创建 LSTC 公司，DYNA 程序走上了商业化发展历程，并更名为 LS-DYNA。

LS-DYNA 程序是功能齐全的几何非线性、材料非线性和接触非线性程序，以 Lagrange 算法为主，兼有 ALE 和 Euler 算法；以显式求解为主，兼有隐式求解功能；以结构分析为主，兼有热分析、流体结构耦合功能；以非线性动力分析为主，兼有静力分析功能（如动力分析前的预应力计算和薄板冲压成型后的回弹计算），是军用和民用相结合的通用结构分析非线性有限元程序。

2.6.1.2 LS-DYNA 求解步骤

LS-DYNA 程序系统是将非线性动力分析程序 LS-DYNA 显式积分部分与 ANSYS 程序的前处理 PREP7 和后处理 POST（通用后处理）、POST26（时间历程后处理）连接成一体，这样既能充分运用 LS-DYNA 程序强大的非线性动力分析功能，又能很好地利用 ANSYS 程序完善的前后处理功能来建立有限元模型与观察计算结果。

A　前处理

前处理包括：（1）设置 Preference 选项；（2）定义单元类型（Element Type）、单元算法 Option 和实常数（Real Constant）；（3）定义材料性质（Material Properties）；（4）建立结构模型（Modeling）；（5）进行有限元网格剖分（Meshing）。

B　加载和求解

加载和求解包括：（1）约束、加载和定义边界条件；（2）设置求解过程中的控制参数；（3）选择输出文件和输出时间间隔；（4）生成 LS-DYNA 输入文件（文件后缀名为 .k）；（5）求解（调用 LS-DYNA）。

ANSYS 前处理还不支持 LS-DYNA 的全部功能，所以在输入文件 Jobname.k 生成以后，要先使用文本编辑软件对输入文件进行编辑，添加和修改关键词，然后利用 LS-DYNA970 求解器读取输入文件，进行求解。

C　后处理

对于 ANSYS 类型文件可以用后处理 POST1 观测整体变形和应力应变状态、使用时间历程后处理 POST26 绘制时间历程曲线；对于 LS-DYNA 类型文件可以使用 LS-POST 或 LSPREPOST 进行应力、应变、位移、时间历程曲线等后处理。

对于一般应用，输出文件比较重要，其中使用较多的是 D3plot 和 D3dump 两个文件。D3plot 文件用来记录应力、应变和变形情况，可以用来绘制各种云图和动画；D3dump 用于进行重启动分析。LS-DYNA 既可以生成 ANSYS 结果数据文件，也可以生成 LS-DYNA 结果数据文件。

2.6.2　材料模型和状态方程

A　炸药模型和状态方程

炸药采用 HIGH_EXPLOSIVE_BURE 材料模型来模拟炸药爆炸过程。

$$f = \max(f_1, f_2) \tag{2-27}$$

$$f_1 = \begin{cases} \dfrac{2(t - t_e)D}{3V_e/A_{\max}}, & t > t_e \\[2mm] 0, & t \leqslant t_e \end{cases} \tag{2-28}$$

$$f_2 = \frac{1 - V}{v_{CJ}} \tag{2-29}$$

式中，f、f_1、f_2 为燃烧系数，若 $f>1$，则取 $f=1$；t、t_e 分别为爆炸应力波传至当前单元形心处所需时间和最短时间，s；D 为爆炸应力波传播速度，m/s；$A_{\max}$ 为炸药爆炸时对单元形心处的最大压强，GPa；V 为爆轰产物的相对体积，等于爆破产物体积与初始体积之比；V_e 为爆炸应力波在 t_e 时，爆破产物体积与初始体积之比；v_{CJ} 为炸药爆速常数；通常乳化炸药密度为 $0.95 \sim 1.25 \mathrm{g/cm^3}$，爆速为 $3500 \sim 5000 \mathrm{m/s}$。

采用 JWL 状态方程模拟爆炸过程中的压力比：

$$p_{CJ} = A\left(1 - \frac{\omega}{R_1 V}\right) e^{-R_1 V} + B\left(1 - \frac{\omega}{R_2 V}\right) e^{-R_2 V} + \frac{\omega E_0}{V} \tag{2-30}$$

式中，V 的含义同式（2-29）中的 V；E_0 为初始比内能；ω 为格林爱森参数，表示定容条件下压力相对于内能的变化率；A、B 均为常数；R_1、R_2 均为无量纲常数。

B　水介质模型和状态方程

对于高压下的水体和气体一般采用 Gruneisen 状态方程描述：

$$P = \frac{\rho_0 C^2 \mu \left[1 + \left(1 - \dfrac{\gamma_0}{2}\right)\mu - \dfrac{\alpha}{2}\mu^2\right]}{\left[1 - (S_1 - 1)\mu - S_2 \dfrac{\mu^2}{\mu + 1} - S_3 \dfrac{\mu^3}{(\mu + 1)^2}\right]} + (\gamma_0 + \alpha\mu)E_0 \tag{2-31}$$

式中，ρ_0 为材料密度，$\mathrm{g/cm^3}$；γ_0 为 Gruneisen 参数；E_0 为内能；C 为曲线的截距；S_1、S_2、S_3 分别为曲线斜率的系数；α 为 γ_0 和 μ 的一阶体积修正量，$\mu = \dfrac{\rho}{\rho_0} - 1$。

C　黏土模型及材料参数

黏土材料选用 *MAT_ELASTIC_PLASTIC_HYDRO_SPALL 材料模型。这种材料可在一定的程度上模拟出黏土的断裂损坏。输入参数为：密度 ρ、剪切模量

G、屈服应力、塑性硬化模量。

D 刃脚模型及材料参数

由于钢板层厚度很小，故刃脚的模型只考虑混凝土材料。混凝土材料选用 *MAT_SOIL_CONCRETE 材料模型，这种材料模型能够很好地描述其本构关系。输入参数为密度 ρ、剪切模量 G、体积模量等。

2.6.2.1 边界条件

无反射边界（non-reflecting boundary）又称透射边界（transmitting boundary）或无反应边界（silent boundary），主要用于无限体或半无限体中为减小研究对象的尺寸而采用的边界条件。无反射边界根据虚功原理将边界上的分布阻尼转化成等效节点力加到边界上，即列出所有组成无反射边界的单元，在所有无反射边界中的单元上加上黏性正应力和剪应力。

有限元计算只能采用有限尺寸体，模拟选取前后排各一个炮孔及之间的土体作为研究对象。即从无限体中截取有限体进行模拟计算，这就必然带来一个边界条件问题。模型在 Z 方向两个面上进行位移约束，并在全部边界上定义无反射边界条件，使得人工边界上基本无波的反射，用这种方法来模拟半无限区域。

2.6.2.2 屈服准则

爆破数值模拟结果的好坏主要取决于屈服准则以及材料模型的选择是否得当。文献中可以找到的破坏准则很多，如最大拉应力准则（Rankine 准则）、最大切应力准则（Tresca 准则）、Mises 准则等。目前，对于如何选择材料的破坏准则，还没有形成一个统一的认识，人们只能通过直观的或经验性尝试的方法来选择材料的破坏准则。最大拉应力理论也称为第一强度理论，按照这一理论，对于作用于介质的3个主应力，只要有一个主应力达到介质的单轴抗拉强度，介质便被破坏。

2.6.3 模型建立

A 假设条件

考虑影响爆破效果的主要因素，而忽略一些次要的因素。对模型做如下假设：（1）将黏土视为具有各向同性的连续均匀介质，爆轰产物的膨胀是绝热过程；（2）由于重力作用相对爆轰压力很小，故本文未考虑重力影响；（3）炸药形状为方形药柱，这样有利于建立模型和方便计算。（4）前后排只取一个炮孔，忽略了同排炮孔间的应力叠加作用。

B 单位制

数值模型采用 cm-g-us 单位制，所有相关单位均由 cm-g-us 转换而来。力的单位为×10^7N，能量单位为×10^{-1}MJ，压力单位为×10^5MPa，位移单位为×10^{-2}m，

速度单位为 $\times 10^4 \text{m/s}$，加速度单位为 $\times 10^{10} \text{m/s}^2$。

C　建模步骤

建立模型是数值模拟的第 1 个步骤，模型要能够真实反映出爆破效果，为理论研究提供支持。受计算机运算速度的限制，特别是三维模型不宜太过复杂，故模型建立及网格划分步骤如下：

（1）选择单元类型。3D SOLID164 单元。这种单元是用于三维的显式结构实体单元，由 8 节点构成，每个节点具有 9 个自由度，默认情况下采用单点积分算法，也可以设置为全积分单元算法。该单元没有实常数，单元的体积不能为 0。

（2）定义材料属性。定义材料属性时并没有输入所有材料参数以及真实的材料模型和状态方程，而且 ANSYS 前处理器所带模型中没有炸药模型，暂时使用水介质模型和 Gruneisen 状态方程代替，具体参数最后在 K 文件中进行修改。

（3）构建模型。因为模型具有空间对称性，采用中心起爆，不考虑端部效应。模型有轴对称特点，以便减少求解过程的运算量。

（4）建立模型后，划分网格。依次按照炸药、水、刃脚、黏土、填塞土体的先后顺序逐次完成对整个模型的网格划分。

（5）设定分析选项输出 K 文件。设定能量选择、求解时间、步长控制、输出类型、时间间隔等选项，并通过 write jobname. k 在工作目录下生成 K 文件。

（6）修改 K 文件关键字。用于控制单元算法的 SECTION SOLID、用于控制 ALE 算法的 *CONTROL ALE 和用于起爆点设置的 *INITIAL DETONATION 关键字等。

（7）求解用 LS-DYNA970 求解器读取 K 文件进行求解。计算完毕用通用后处理 LS-POST 对结果文件进行处理。

D　计算模型

为了确定最佳的炮孔深度和最佳炮孔深度下的最佳药量，建立了 6 个计算模型。通过比较在相同装药量（4.5kg）下不同炮孔深度（1m、1.5m、2m）的爆破效果确定最佳炮孔深度；然后模拟最佳炮孔深度下不同药量（3kg、4.5kg、6.0kg、7.2kg、9kg）的爆破效果确定最佳药量。模型由炸药、水、黏土、刃脚 4 部分组成。其中炸药、水采用 Euler 网格建模，单元使用多物质 ALE 算法，允许在同一个网格中包含多种物质；黏土采用 Lagrange 网格建模。炸药与水共节点，黏土与水之间采用流固耦合算法。模型分两部分，第一部分是炸药和水，第二部分是黏土和刃脚，进行流固耦合后模型为 700cm×100cm×550cm 的长方体。条形药包为 6cm×6cm×100cm 的方形体，前后各取一个炮孔，孔距取 2.0m，排距取 1.0m，前排炮孔离竖直自由面 1.4m。炸药中心为起爆点，离顶部自由面为 1.7m。刃脚压入土体 50cm，底部作为楔形处理，具体模型如图 2-6~图2-8所示。考虑到微差爆炸扩展过程持续时间长，求解时间设置为 60ms，计算过程中每隔 100μs 输出一步结果文件。

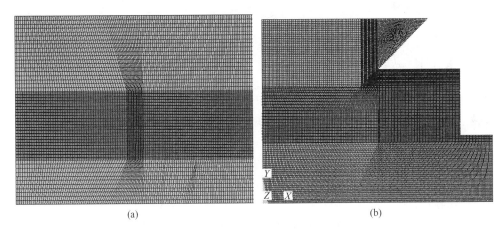

（a）　　　　　　　　　　　　　　　（b）

图 2-6　水、炸药模型（a）和黏土、刃脚模型（b）

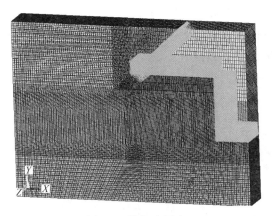

图 2-7　施加水压力

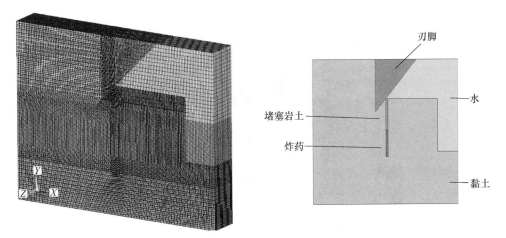

图 2-8　模型耦合效果图

2.6.4　模拟结果分析

2.6.4.1　应力分布情况分析

应力云图可以显示不同时刻模型中的应力分布情况。分析选取整个模型作为参考，由于爆炸产生的应力波持续时间短、作用强度大、变化速度快，在同一时刻的模型内应力分布相差的量级大，故只做初步的分析和判断。具体数值的比较和分析见后面黏土和刃脚的应力时程曲线。本节分析和对比不同临空面和不同药量在刃脚处产生最大应力波时刻的应力云图，即在第二个炮孔起爆后，初步判断刃脚中的应力值。

A　不同临空面高度的应力云图分析

由于只分析黏土和刃脚的损伤破坏，故在后处理中取消水的模型显示；且仅对比药量为 4.5kg 时不同临空面的应力云图。

第二个炮孔的炸药起爆后刃脚处产生的应力值最大，下面分析 50600μs 时刻的应力云图，如图 2-9～图 2-11 所示。

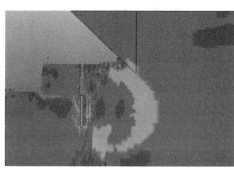

图 2-9　临空面 1.0m 时的应力云图

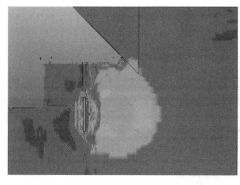

图 2-10　临空面 1.5m 时的应力云图

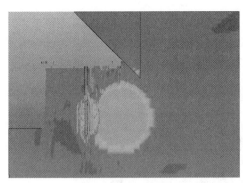

图 2-11 临空面 2.0m 时的应力云图

临空面高度为 1.0m 时刃脚处压缩应力波的峰值为 30MPa 左右，黏土层中应力波峰值为 140MPa 左右；1.5m 时刃脚处压缩应力波的峰值达到 25MPa 左右，黏土层中应力波峰值为 135MPa 左右；2.0m 时刃脚处压缩应力波的峰值达到 20MPa 左右，黏土层中应力波峰值为 120MPa 左右；黏土层中同时存在压缩破坏和拉伸破坏。随着临空面高度的增加，刃脚处应力值逐渐变小，但黏土层中应力波峰值变化不大，表明临空面高度越高，对刃脚的影响越小，临空面高度选取 2.0m 合理。

B 不同药量时应力云图分析

分析和对比临空面高度为 2.0m，炸药质量分别为 3.0kg、4.5kg、6.0kg、7.2kg、9.0kg 时的应力云图。第二个炮孔起爆后在刃脚处产生的应力值最大，故分析 50600μs 时刻的应力云图，如图 2-12～图 2-16 所示。

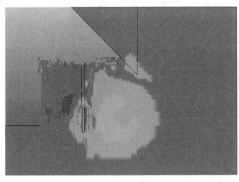

图 2-12 3.0kg 药量时的应力云图

3.0kg 药量时刃脚处压缩应力波的峰值为 10MPa 左右，黏土层中应力波峰值为 93MPa 左右；4.5kg 药量时刃脚处压缩应力波的峰值达到 25MPa 左右，黏土层中应力波峰值为 145MPa 左右；6.0kg 药量时刃脚处压缩应力波的峰值达到

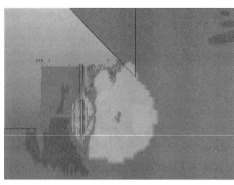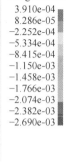

图 2-13　4.5kg 药量时的应力云图

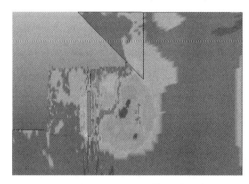

图 2-14　6.0kg 药量时的应力云图

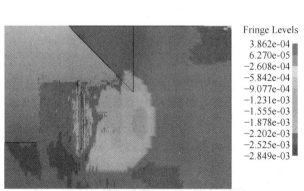

图 2-15　7.2kg 药量时的应力云图

33MPa 左右，黏土层中应力波峰值为 158MPa 左右；7.2kg 药量时刃脚处压缩应力波的峰值达到 38MPa 左右，黏土层中应力波峰值为 220MPa 左右；9.0kg 药量时刃脚处压缩应力波的峰值达到 45MPa 左右，黏土层中应力波峰值为 240MPa 左右。黏土层中同时存在压缩破坏和拉伸破坏。随着药量的增加，刃脚处和黏土层

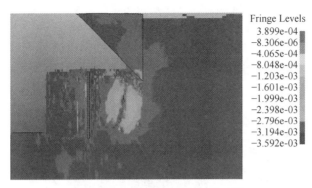

图 2-16　9.0kg 药量时的应力云图

中的应力峰值逐渐增大，故在满足爆炸破碎和抛掷效果的前提下，炸药量越小越安全。

2.6.4.2　关键部位的应力时程曲线分析

A　黏土中关键部位的应力时程曲线分析

由于应力云图只能显示不同时刻模型中的应力分布范围，不能具体得出某一时刻某一点的具体应力值，以下对不同临空面和药量时黏土中的关键点进行应力时程曲线分析。不同临空面时，黏土中的单元选取位置和编号如图 2-17 ~ 图 2-19 所示，不同药量时，黏土中的单元选取位置和编号如图 2-20 ~ 图 2-23 所示。单元均位于炮孔与自由面之间，距离临空面和顶部自由面为 30cm 左右。临空面变化时药量定为 4.5kg，药量变化时临空面为 2.0m。

图 2-17　1.0m 临空面 4.5kg 药量黏土层中单元的选取位置和编号

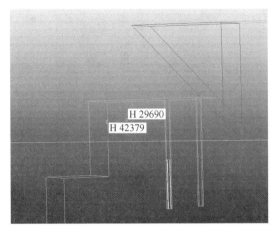

图 2-18   1.5m 临空面 4.5kg 药量黏土层中单元的选取位置和编号

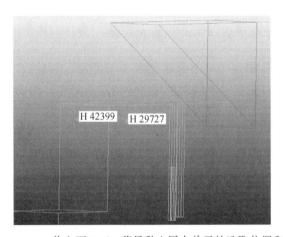

图 2-19   2.0m 临空面 4.5kg 药量黏土层中单元的选取位置和编号

图 2-20   2.0m 临空面 3.0kg 药量黏土层中单元的选取位置和编号

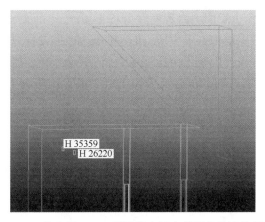

图 2-21 2.0m 临空面 6.0kg 药量黏土层中单元的选取位置和编号

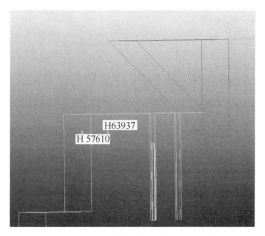

图 2-22 2.0m 临空面 7.2kg 药量黏土层中单元的选取位置和编号

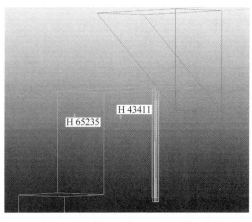

图 2-23 2.0m 临空面 9.0kg 药量黏土层中单元的选取位置和编号

a　不同临空面黏土层应力时程曲线分析

不同临空面时黏土层中最大主应力时程曲线如图 2-24~图 2-26 所示，应力值有明显的负变正的过程，反映了由压缩应力波变为拉伸应力波的过程。

由图 2-24 可以看出，1.0m 临空面黏土层中最大压应力为 38MPa，是黏土的极限抗压强度 8.1MPa 的 4.7 倍，最大拉应力为 30MPa，远远超过黏土的极限抗拉强度 0.106MPa。

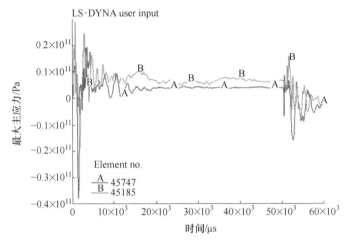

图 2-24　1.0m 临空面时黏土层中的最大主应力时程曲线

由图 2-25 可以看出，1.5m 临空面黏土层中最大压应力为 21MPa，是黏土的极限抗压强度 8.1MPa 的 2.6 倍，最大拉应力为 22MPa，远远超过黏土的极限抗拉强度 0.106MPa。

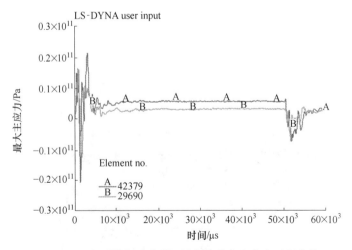

图 2-25　1.5m 临空面时黏土层中的最大主应力时程曲线

由图 2-26 可以看出，2.0m 临空面黏土层中最大压应力为 28.5MPa，是黏土的极限抗压强度 8.1MPa 的 3.5 倍，最大拉应力为 23.5MPa，远远超过黏土的极限抗拉强度 0.106MPa。

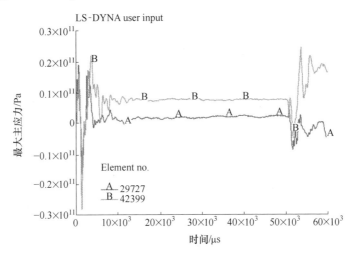

图 2-26　2.0m 临空面时黏土层中的最大主应力时程曲线

由于选取的单元位置靠近临空面，故靠近炮孔的黏土中压应力值更大，表明对于不同高度的临空面，4.5kg 炸药均能将黏土破碎。

b　不同药量黏土层应力时程曲线分析

对于 2.0m 高度的临空面，黏土层中不同药量时最大主应力时程曲线如图 2-27~图 2-31 所示。

由图 2-27 可以看出，3.0kg 药量时黏土层中最大压应力为 8.0MPa，是黏土的极限抗压强度 8.1MPa 的 0.99 倍，不能完全将黏土破碎；最大拉应力为 15.2MPa，远远超过黏土的极限抗拉强度 0.106MPa。

由图 2-28 可以看出，4.5kg 药量时黏土层中最大压应力为 28.5MPa，是黏土的极限抗压强度 8.1MPa 的 3.5 倍；最大拉应力为 23.5MPa，远远超过黏土的极限抗拉强度 0.106MPa。

由图 2-29 可以看出，6.0kg 药量时黏土层中最大压应力为 40.2MPa，是黏土的极限抗压强度 8.1MPa 的 5.0 倍；最大拉应力为 20.2MPa，远远超过黏土的极限抗拉强度 0.106MPa。

由图 2-30 可以看出，7.2kg 药量时黏土层中最大压应力为 48.4MPa，是黏土的极限抗压强度 8.1MPa 的 6.0 倍；最大拉应力为 22MPa，远远超过黏土的极限抗拉强度 0.106MPa。

由图 2-31 可以看出，9.0kg 药量时黏土层中最大压应力为 89.8MPa，是黏土的极限抗压强度 8.1MPa 的 11.0 倍；最大拉应力为 30.2MPa，远远超过黏土的极限抗拉强度 0.106MPa。

综上可得，对于 2.0m 高度的临空面，药量为 4.5~9.0kg 时，黏土层能够发生明显的破碎。

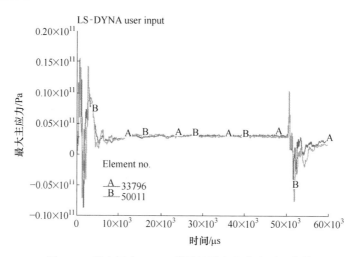

图 2-27　黏土层中 3.0kg 药量的最大主应力时程曲线

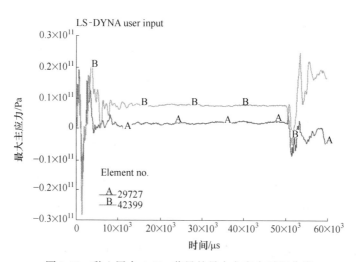

图 2-28　黏土层中 4.5kg 药量的最大主应力时程曲线

B　刃脚处关键部位的应力时程曲线分析

由应力云图可知，刃脚受影响较大的地方位于靠近接触面处。不同临空面，刃脚中的单元选取位置和编号如图 2-32~图 2-34 所示，不同药量时，黏土中的单元选取位置和编号如图 2-35~图 2-38 所示。单元选取位置均为炮孔后方，两个单

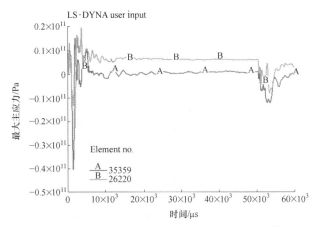

图 2-29   黏土层中 6.0kg 药量的最大主应力时程曲线

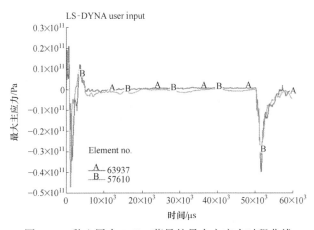

图 2-30   黏土层中 7.2kg 药量的最大主应力时程曲线

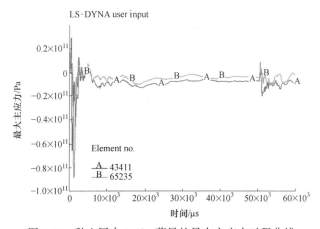

图 2-31   黏土层中 9.0kg 药量的最大主应力时程曲线

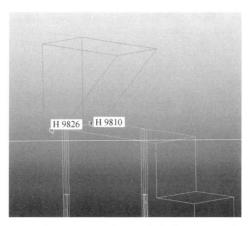

图 2-32   1.0m 临空面 4.5kg 药量刃脚中单元的选取位置和编号

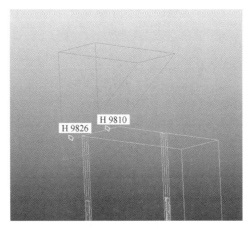

图 2-33   1.5m 临空面 4.5kg 药量刃脚中单元的选取位置和编号

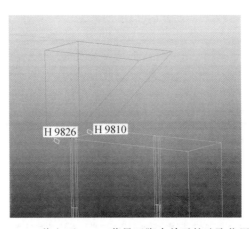

图 2-34   2.0m 临空面 4.5kg 药量刃脚中单元的选取位置和编号

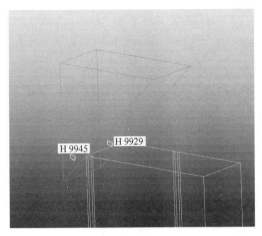

图 2-35   2.0m 临空面 3.0kg 药量刃脚中单元的选取位置和编号

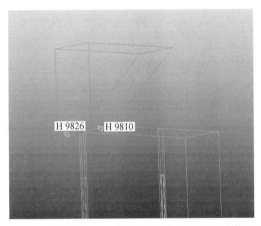

图 2-36   2.0m 临空面 6.0kg 药量刃脚中单元的选取位置和编号

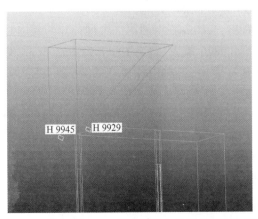

图 2-37   2.0m 临空面 7.2kg 药量刃脚中单元的选取位置和编号

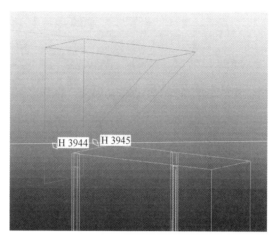

图 2-38　2.0m 临空面 9.0kg 药量刃脚中单元的选取位置和编号

元相隔 1m，距离刃脚底部 0.3m，刃脚斜面水平距离 0.1m。临空面变化时药量定为 4.5kg，药量变化时临空面高度为 2.0m。

　　a　不同临空面刃脚处应力时程曲线分析

　　不同临空面时，刃脚中最大主应力时程曲线如图 2-39～图 2-41 所示。

　　由图 2-39 可以看出，1.0m 临空面第一个炮孔炸药起爆时，单元 9810 最大压应力为 14.0MPa，单元 9826 最大压应力为 16.2MPa；50ms 第二个炮孔炸药起爆时，单元 9810 最大压应力为 22.1MPa，单元 9826 最大压应力为 24.0MPa，最大压应力为混凝土动态抗压强度的 54%。

　　由图 2-40 可以看出，1.5m 临空面第一个炮孔炸药起爆时，单元 9810 最大压应力为 11.2MPa，单元 9826 最大压应力为 10.0MPa；50ms 第二个炮孔炸药起爆时，单元 9810 最大压应力为 23.1MPa，单元 9826 最大压应力为 12.3MPa，最大压应力为混凝土动态抗压强度的 52%。

　　由图 2-41 可以看出，2.0m 临空面第一个炮孔炸药起爆时，单元 9810 最大压应力为 11.3MPa，单元 9826 最大压应力为 7.2MPa；50ms 第二个炮孔炸药起爆时，单元 9810 最大压应力为 22.5MPa，单元 9826 最大压应力为 14.0MPa，最大压应力为混凝土动态抗压强度的 50%。

　　分析表明临空面越高刃脚处的应力值越小，对刃脚的损伤越小，考虑到工程实际，故临空面取 2.0m 比较合适。

　　b　不同药量刃脚处应力时程曲线分析

　　不同药量时最大主应力时程曲线如图 2-42～图 2-46 所示。

　　由图 2-42 可以看出，3.0kg 药量第一个炮孔炸药起爆时，单元 9945 最大压应力为 7.2MPa，单元 9929 最大压应力为 8.1MPa；50ms 第二个炮孔炸药起爆

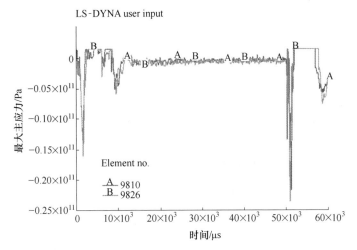

图 2-39　刃脚中 1.0m 临空面的最大主应力时程曲线

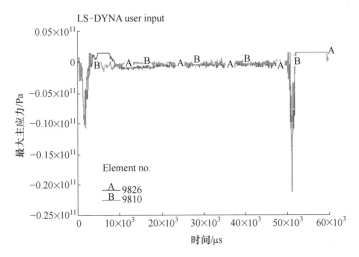

图 2-40　刃脚中 1.5m 临空面的最大主应力时程曲线

时，单元 9945 最大压应力为 9.5MPa，单元 9826 最大压应力为 10.8MPa，最大压应力为混凝土动态抗压强度的 24%。

　　由图 2-43 可以看出，4.5kg 药量第一个炮孔炸药起爆时，单元 9826 最大压应力为 8.4MPa，单元 9810 最大压应力为 11.0MPa；50ms 第二个炮孔炸药起爆时，单元 9826 最大压应力为 13.5MPa，单元 9810 最大压应力为 22.5MPa，最大压应力为混凝土动态抗压强度的 51%。

　　由图 2-44 可以看出，6.0kg 药量第一个炮孔炸药起爆时，单元 9826 最大压应力为 17.9MPa，单元 9810 最大压应力为 18.0MPa；50ms 第二个炮孔炸药起爆

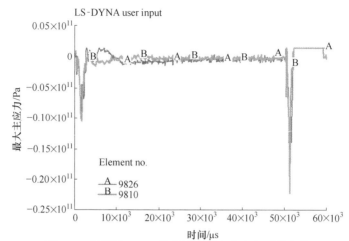

图 2-41   刃脚中 2.0m 临空面的最大主应力时程曲线

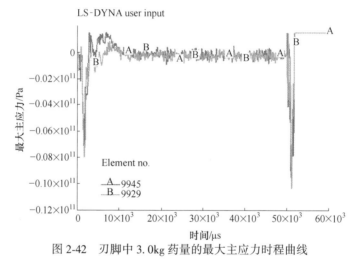

图 2-42   刃脚中 3.0kg 药量的最大主应力时程曲线

时，单元 9826 最大压应力为 33.0MPa，单元 9810 最大压应力为 28.6MPa，最大压应力为混凝土动态抗压强度的 75%。

由图 2-45 可以看出，7.2kg 药量第一个炮孔炸药起爆时，单元 9929 最大压应力为 13.5MPa，单元 9945 最大压应力为 14.0MPa；50ms 第二个炮孔炸药起爆时，单元 9929 最大压应力为 39.1MPa，单元 9945 最大压应力为 33.2MPa，最大压应力为混凝土动态抗压强度的 89%。

由图 2-46 可以看出，9.0kg 药量第一个炮孔炸药起爆时，单元 3944 最大压应力为 19.2MPa，单元 3945 最大压应力为 19.0MPa；50ms 第二个炮孔炸药起爆时，单元 3944 最大压应力为 55.2MPa，单元 3945 最大压应力为 30.0MPa，最大压应力为混凝土动态抗压强度的 125%。

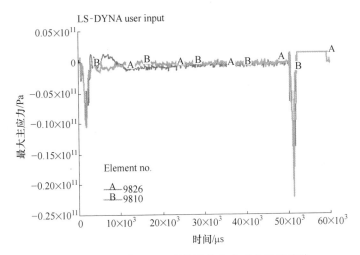

图 2-43 刃脚中 4.5kg 药量的最大主应力时程曲线

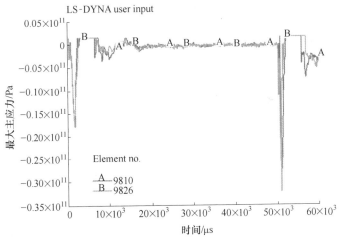

图 2-44 刃脚中 6.0kg 药量的最大主应力时程曲线

分析表明 3.0kg 药量时最大主应力值为混凝土动态抗压强度的 24%，4.5kg 药量时最大主应力值为混凝土动态抗压强度的 51%，在刃脚的安全范围之内，刃脚不会发生损伤。药量大于 6.0kg 时刃脚处最大主应力值将超过 0.75 倍的混凝土动态抗压强度，刃脚结构将发生损伤，故 6.0kg 为药量上限；所以药量选取为 3.0~6.0kg 合适。

2.6.4.3 爆破效果分析

通过分析和对比不同临空面和不同药量时的破坏效果，对最佳临空面和药量

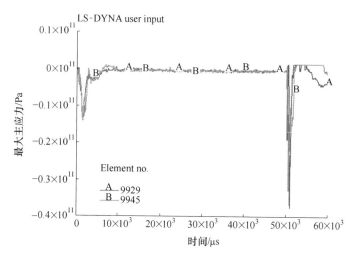

图 2-45　刃脚中 7.2kg 药量的最大主应力时程曲线

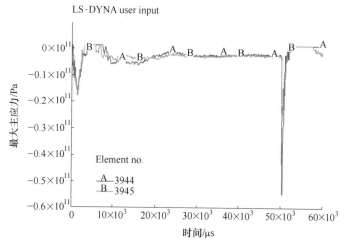

图 2-46　刃脚中 9.0kg 药量的最大主应力时程曲线

的选取提供合理的依据。

A　不同临空面破坏效果分析

为了更好地显示整体破坏效果，选取两个方向进行观察分析。对于不同高度的临空面，药量均选取 4.5kg。图 2-47~图 2-49 所示为不同高度的临空面时黏土层的破坏效果。

由图 2-47 可以看出，1.0m 高度的临空面炮孔深度为台阶高度的 1.1 倍，炮孔周围黏土层发生破碎，台阶底部往下产生破碎裂隙且延伸较深，形成了爆破漏斗，破坏了刃脚持力层承载结构，不能形成平整的底部平盘。

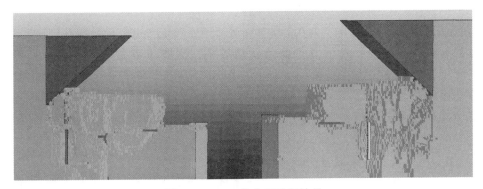

图 2-47 1.0m 临空面破坏效果

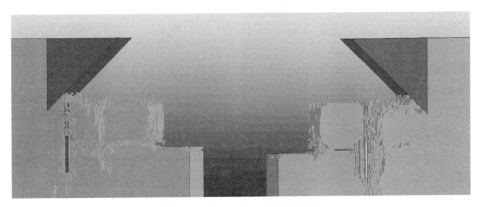

图 2-48 1.5m 临空面破坏效果

图 2-49 2.0m 临空面破坏效果

由图 2-48 可以看出,1.5m 临空面较 1.0m 临空面台阶底部往下的破碎裂隙高度减小,但仍留有根底,不能形成平整的底部平盘,不利于接下来的挖空装药工作。

由图 2-49 可以看出，2.0m 临空面较 1.0m 和 1.5m 临空面炮孔周围沿下方的裂隙明显减少，对下方土体的扰动较小，刃脚下方黏土爆破效果良好，能将土体较好地抛掷在掏槽中，且能克服底盘阻力不留根底。在爆破过程中临空面越高，抛掷效果越好，爆破应力波沿临空面方向传播越容易，对刃脚损坏越小。考虑工程实际情况，临空面高度取 2.0m 能够使沉井顺利下沉并达到施工要求。

B　不同药量破坏效果分析

选取两个方向进行观察分析。对于不同装药量，临空面高度均选取 2.0m。图 2-50 ~ 图 2-54 所示为黏土层的破坏效果。

由图 2-50 可以看出，3.0kg 药量时炮孔周围土体破碎，刃脚下方土体有明显的裂隙，但台阶处水平裂隙不能贯穿刃脚下整个黏土层，土体不能有效地破碎抛出。

由图 2-51 可以看出，4.5kg 药量时炮孔周围土体破碎，炮孔与临空面之间的黏土能够整体破碎，被抛掷在掏槽中，并且形成平整的底部平盘，不留根底，保证了沉井顺利下沉，并有利于接下来的挖孔装药工作。

由图 2-52 可以看出，6.0kg 药量时刃脚下方土体破碎，爆破效果良好，能将土体顺利抛出，但底部平盘的裂隙有轻微延伸，相对 4.5kg 药量爆破效果降低。

由图 2-53 可以看出，7.2kg 药量时刃脚下方土体全部破碎，底部平盘黏土层裂隙延伸较严重，对持力层土体影响较大，不利于后期的挖孔装药工作。

由图 2-54 可以看出，9.0kg 药量时刃脚下方土体整体破碎，但炮孔下方持力层黏土也出现破碎，且刃脚明显变形，刃脚发生损伤破坏。

综上所述，药量为 4.5kg 时最合理。

图 2-50　3.0kg 药量时破坏效果

图 2-51　4.5kg 药量时破坏效果

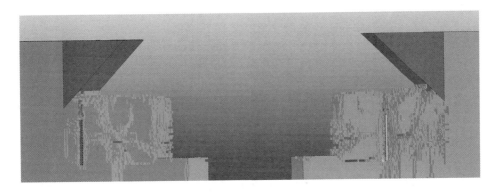

图 2-52　6.0kg 药量时破坏效果

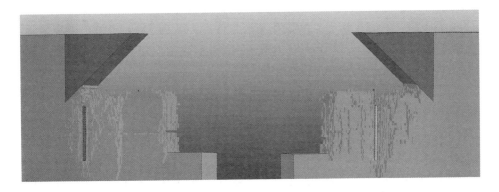

图 2-53　7.2kg 药量时破坏效果

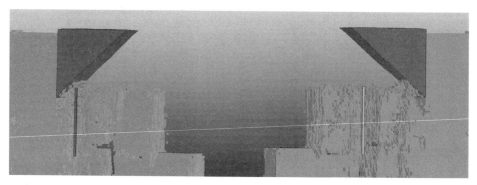

图 2-54　9.0kg 药量时破坏效果

2.6.5　最佳临空面高度和装药量

2.6.5.1　临空面高度和装药量的确定

由 2.6.6 节可知，临空面高度越高，对刃脚的影响越小；在满足爆炸破碎和抛掷效果的前提下，炸药量越小越安全。

4.5kg 药量在 1.0m、1.5m、2.0m 临空面高度的黏土层中产生的应力波均超过了黏土的极限抗压抗拉强度。对于 2.0m 临空面黏土层的破坏来说，药量为 4.5~9.0kg 时，能够达到黏土的极限抗压抗拉强度（改为压应力超过了黏土的极限抗压抗拉强度，可以将黏土破坏）；3.0~6.0kg 时，在刃脚的安全范围之内。

4.5kg 药量在 1.0m、1.5m 临空面高度的台阶中，炮孔周围往下产生破碎裂隙且延伸较大，形成爆破漏斗，不能形成平整的底部平盘，不利于后续的挖掘、钻孔工作；4.5kg 药量在 2.0m 临空面高度的台阶中，炮孔与临空面之间的黏土能够整体破碎，被抛掷在掏槽中，并且形成平整的底部平盘，不留根底，可保证沉井顺利下沉，有利于接下来的挖孔装药工作。3.0kg 药量时土体不能有效地破碎抛出；6.0kg、7.2kg、9.0kg 药量时，底部平盘黏土层裂隙延伸较严重，对持力层土体影响较大，不利于后期的挖孔装药工作。

综上可得，2.0m 临空面为最佳台阶高度，4.5kg 药量为最佳装药量，药量应控制在 4.0~6.0kg 范围内。

2.6.5.2　最佳临空面高度和药量的破坏过程

图 2-55~图 2-60 所示为 2.0m 高度临空面、装药 4.5kg 时黏土中的应力传播过程。

200μs 时，黏土层中同时存在压缩应力波和拉伸应力波，压缩应力波的峰值达到 287~324MPa，拉伸应力波峰值为 2~38MPa；400μs 时，黏土层中同时存在压缩应力波和拉伸应力波，压缩应力波峰值为 87~112MPa，拉伸应力波峰值为 13~38MPa；1200μs 时，黏土层中以拉伸应力波为主，峰值为 9~38MPa。第二个炮孔炸药起爆后，在 50400μs 时刻，压缩应力波的峰值达到 167~192MPa；50600μs 时压缩应力波传入刃脚，刃脚中的压缩应力波峰值为 30MPa 左右。

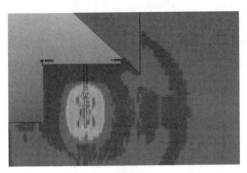

图 2-55　200μs 时的应力云图

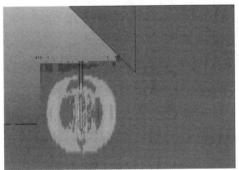

图 2-56　600μs 时的应力云图

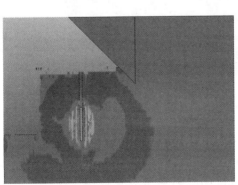

图 2-57　1200μs 时的应力云图

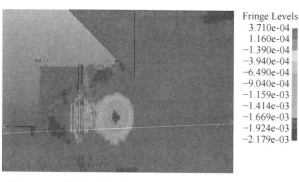

图 2-58　后排炮孔炸药起爆后，50400μs 时的应力云图

图 2-59　后排炮孔炸药起爆后，50600μs 时的应力云图

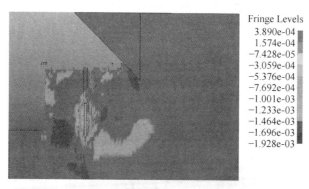

图 2-60　后排炮孔炸药起爆后，51200μs 时的应力云图

图 2-61~图 2-64 所示为 2.0m 高度的临空面、装药 4.5kg 时的黏土破坏过程。

1200μs 时，空腔形成，径向裂隙发展，自由面发生拉伸破坏，与刃脚接触的黏土也发生破坏；10000μs 时，裂隙进一步发展，新的自由面逐渐形成；到 50200μs 后排炮孔炸药开始爆炸时，新的自由面已经形成；55000μs 时，后排炮孔周围的黏土已经发生破坏。

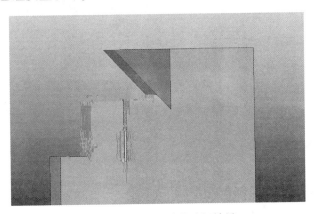

图 2-61 1200μs 时的破坏效果

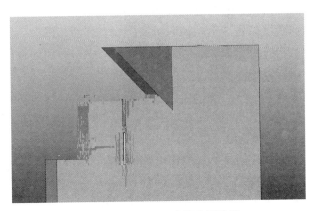

图 2-62 10000μs 时的破坏效果

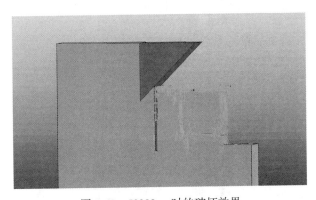

图 2-63 50200μs 时的破坏效果

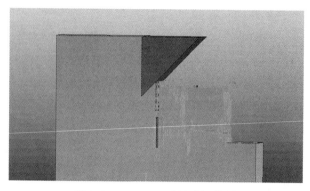

图 2-64　55000μs 时的破坏效果

2.6.5.3　爆破过程分析综述

结合上述分析，可以将黏土爆破破坏过程分为三个阶段：

第一阶段为炸药爆破后冲击波径向压缩阶段。炸药起爆后，产生的高压粉碎了炮孔周围的黏土，并且形成空腔。应力波在黏土中引起切向拉应力，由此产生的径向裂隙向自由面方向发展。

第二阶段为应力波反射引起自由面处的黏土层片落。当压缩应力波传递到达自由面发生反射时，变为拉伸应力波。在反射拉伸应力的作用下，黏土层被拉断，发生片落。

第三阶段为爆生气体的膨胀。爆生气体的作用时间相对冲击波的作用时间要长，一方面，黏土受到爆生气体超压力的影响，在拉伸应力和气楔的双重作用下，径向初始裂隙迅速扩大；另一方面，破碎后的黏土又在爆生气体膨胀推动下沿径向抛出，形成爆堆。

2.7　基于 ABAQUS 的助沉爆破对结构安全影响数值模拟

2.7.1　ABAQUS 大型有限元软件介绍

2.7.1.1　软件介绍

ABAQUS 是由达索 SIMULIA 公司（原 ABAQUS 公司）开发的有限元分析软件，是国际上功能最强的大型通用有限元软件之一，它可以分析复杂的工程力学问题，其庞大的求解能力，以及非线性力学分析功能均达到世界领先水平。ABAQUS 在欧洲、北美和亚洲许多国家得到广泛的应用，其用户遍及机械、化工、冶金、土木、水利、材料、航空、船舶、汽车、电器等各个工程和科研领域。ABAQUS 拥有能够真实反映土体性状的本构模型，能够进行有效的孔压计算，具有强大的接触面处理功能，可模拟土与结构之间的脱开、滑移等现象，具备处理填土或开挖等岩土工程中特定问题的能力，可以灵活、准确建立初始应力状态，对岩土工程有很强的适用性。

ABAQUS 包含一个全面支持求解器的前后处理模块——ABAQUS/CAE，以及两个求主解器模块——ABAQUS/Standard 和 ABAQUS/Explicit。

A　ABAQUS/Standard

ABAQUS/Standard 是一个通用分析模块，它能够求解广泛领域的线性和非线性问题，包括静态分析、动态分析，以及复杂的非线性耦合物理场分析等。在每一个求解增量步（increment）中，ABAQUS/Standard 隐式求解方程组。

B　ABAQUS/Explicit

使用 ABAQUS/Explicit 可以进行显式动态分析，它适用于求解复杂非线性动力学问题和准静态问题，特别是用于短暂、瞬时动态事件，如冲击和爆炸问题。此外，它对处理解除条件变化的高度非线性问题也非常有效。它的求解方法是在事件域中以很小的时间增量步推出结果，而无需在每一个增量步求解耦合的方程系统，或者生成总体刚度矩阵。

2.7.1.2　ABAQUS 分析步骤

一个完整的 ABAQUS/Standard 或 ABAQUS/Explicit 分析过程，通常由 3 个明确的步骤组成：前处理、模拟计算和后处理。这三个步骤通过文件之间建立的联系如图 2-65 所示。

图 2-65　ABAQUS 分析步骤

（1）前处理（ABAQUS/CAE）。在前处理阶段，需要给出物理问题的模型，并生成一个 ABAQUS 输入文件。对于一个简单分析，可以直接用文本编辑器生成 ABAQUS 输入文件；但通常的做法是使用 ABAQUS/CAE 或其他前处理程序，以图形方式生成模型。

（2）模拟计算（ABAQUS/Standard 或 ABAQUS/Explicit）。模拟计算阶段使用 ABAQUS/Standard 或 ABAQUS/Explicit 求解输入文件中定义的数值模型。它通常以后台方式运行。以应力分析输出为例，包括位移和应力的输出数据被保存在二进制文件中以便于后处理。完成一个求解过程所需的时间可以从几秒到几天不等，这取决于分析的问题的复杂程度和使用的计算机的运算能力。

（3）（ABAQUS/CAE）。一旦完成了模拟计算并得到了位移、应力或其他基本变量后，就可以对计算结果进行评估。评估通常可以通过 ABAQUS/CAE 的可视化模块或其他后处理软件在图形环境下交互进行。可视化模块可以将读入的二进制输出数据库中的文件以多种方法显示结果，包括彩色等值线图、动画、变形图和 X-Y 曲线图等。

2.7.1.3 模型建立

完成 ABAQUS 数值计算后提取沉井基础的黏性土地基内的应力、应变；研究黏性土地基的损伤破坏情况，判断有无损伤，以及损伤范围；根据土的孔隙比的变化情况，判断爆炸冲击后黏性土地基是变松软，还是变得更加密实。建模部分主要分为三块：沉井结构建模和黏土层划分、网格划分、对模型添加边界和应力进行计算。结合工程实际的需要，以及结构的对称性，现选取典型部分进行建模。

A 关键部位选取

结合工程实际需要，以及结构的对称性，以下选取典型部分进行建模。建模部分主要分为两块，十字井处的模型和 T 形井处的模型。具体部位如图 2-66 所示。

B 简化原则

在不影响结果的情况下，结合工程实际，适当简化模型。本次建模遵循以下三个原则：

（1）仅选取关心的部件，必要时适当增加一些相邻的其他部件，去掉那些远离关心部位的部件。例如在沉井部分，关心刃脚处的损伤情况，故对沉井部分上侧进行简化。

（2）去掉或简化对分析结果影响很小的部件或环境因素。例如沉井下部突出部分对本次模拟的分析结果影响很小，故对突出部分进行简化。

（3）在模型中部件和模型之外部件的交界处，应定义适当的边界条件和荷

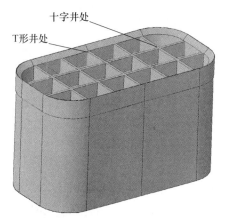

图 2-66　关键部位选取

载。常见的做法是：在交界处和某个参考点之间建立耦合约束（coupling），然后将边界条件或荷载定义在参考点上。根据圣维南原理，当截取整个模型的一部分时，可以用外力系的合力替代截面处的力，对于远离截面处的部位，这种替代的影响可以忽略不计。例如本次模型中的十字井模型处的浮力和侧摩阻力的施加就遵循此原理。

2.7.1.4　十字井模型

A　模型尺寸

十字井模型选取的是位于沉井中部的结构。顶部呈十字形向下延伸 34.35m，底部是高 6m 的刃脚。为了提高计算结果精度，考虑到后面局部细化网格的需要，将黏土层自炮孔向四周扩散分为 3 个部分，即十字隔舱投影下的黏土层和由十字井侧翼所形成的近似正方形黏土（尺寸为 21m×21m×63m）、延伸到四周 50m×50m×63m 的黏土层，四周 20m 的吸收边界，防止因为波的反射等情况引起的数据误差。结合工程实际在十字井四周挖了宽 2m 沟槽，为爆破提供临空面和黏土抛掷空间。十字井模型选取了 4 个炮孔，分别位于十字井中心下方、十字井中心部位与侧板的交界处下方两个炮孔，十字井中心部位侧壁。具体炮孔位置如图 2-67 所示，十字井模型如图 2-68 所示。

B　材料属性

黏土的材料属性参照现场取样进行的力学实验数据，并结合深水情况下爆破的围压。沉井部分材料属性参照 C30 强度钢筋混凝土的材料属性。黏土部分采用 D-P 模型（Drucker-Prager）。

C　接触分析及网格划分

接触分析采用 ABAQUS 中的面与面接触（surface-to-surface contact）。本次沉

井及向四周延伸的黏土建模采用的单元类型是 C3D8R（三维实体 8 节点缩减积分单元），靠近沉井正下方使用的单元类型为 C3D20R（三维实体 20 节点缩减积分单元），作为吸收边界的无限元部分采用的单元类型是 C3D8（三维实体 8 节点单元），划分网格后的模型如图 2-69 所示。

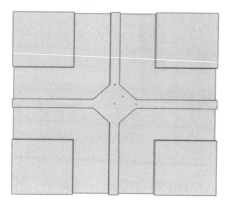

图 2-67　十字井炮孔位置布置

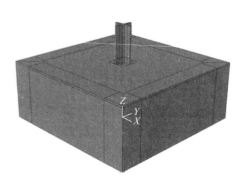

图 2-68　十字井三维模型

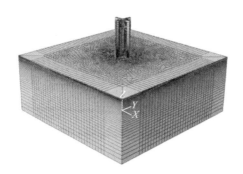

图 2-69　十字井模型网格划分

2.7.1.5　T 形井模型

A　模型尺寸

T 形井选取的是沉井周边的一部分。顶部呈 T 字向下 40.35m，下面是 2m 的刃脚。为了提高计算结果精度，考虑到后面局部细化网格的需要，将黏土层自炮孔向四周扩散分为 3 个部分，即 T 形井投影下的 24.4m×24.8m×10m 的黏土层、延伸到四周的黏土层、四周 10m 的吸收边界，防止因为波的反射等情况而引起的数据误差。其中延伸到四周的黏土层靠沉井外侧的黏土高 18m，沉井内侧的黏土高 11.5m。炮孔位于 T 形井中的下方，具体位置如图 2-70 所示，T 形井模型如图 2-71 所示。

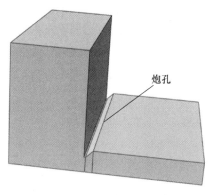

图 2-70　T 形井模型炮孔位置

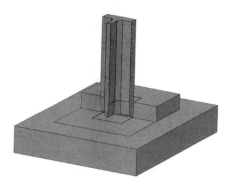

图 2-71　T 形井三维模型

B　材料属性

黏土的材料属性参照现场取样进行的力学实验数据，并结合深水情况下爆破的围压。沉井部分材料属性参照 C30 强度钢筋混凝土的材料属性。黏土部分采用 D-P 模型（Drucker-Prager）。

C　接触分析及网格划分

接触分析采用 ABAQUS 中的面与面接触（surface-to-surface contact）。本次沉井及向四周延伸的黏土建模采用的单元类型是 C3D8R（三维实体 8 节点缩减积分单元），靠近沉井正下方使用的单元类型为 C3D20R（三维实体 20 节点缩减积分单元），作为吸收边界的无限元部分采用单元类型是 C3D8（三维实体 8 节点单元），划分网格后的模型如图 2-72 所示。

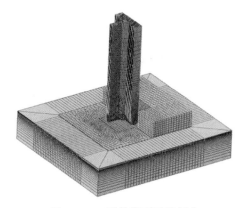

图 2-72　T 形井模型网格划分

D　施加荷载

由于 ABAQUS 中没有爆炸单元，所以 ABAQUS 模拟爆破荷载的施加是通过在炮孔壁施加应力波实现的。通过控制 4 个炮孔的应力波的起止时间模拟微差爆破的时间间隔。施加的应力波参考了 ANSYS/LS-DYNA 模拟部分所得结果和理论计算结果。具体的应力波情况如图 2-73 所示。

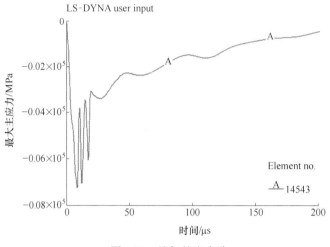

图 2-73　施加的应力波

结合工程实际及项目要求，在 ABAQUS 模拟计算中主要考察两点：

（1）对沉井全工艺过程进行演绎，确保爆破开挖具有可操作性，开挖的空间能够使沉井顺利下沉。

（2）研究爆破扰动对黏土的力学性能的影响，以防止基底持力层黏土被破坏。

2.7.2　十字井模型模拟结果分析

ABAQUS 模拟包含黏土的位移分析、黏土和沉井的应力分析。在提交运算时在模型的 15 个关键位置设置监测点。在沉井刃脚底部向上 1m 处设置了 5 个监测点，编号为①、②、③、④、⑤；自土体表面向下 1m 处（即炸药中心）设置了 5 个监测点，编号为⑥、⑦、⑧、⑨、⑩；自土体表面向下 3m 处设置了 5 个监测点，编号为⑪、⑫、⑬、⑭、⑮，分别对黏土的位移、应力变化情况和沉井内的应力情况进行监测。15 个监测点的位置如图 2-74 所示。通过①、②、③、④、⑤监测点判断爆轰波对沉井刃脚是否有损伤，通过⑥、⑦、⑧、⑨、⑩监测点判断黏土层是否能被炸药爆开，通过⑪、⑫、⑬、⑭、⑮监测点判断应力波对基底持力层黏土是否有损伤。

2.7.2.1　位移分析

ABAQUS 模拟的位移分析为整体位移，重点关注黏土部分的位移，其位移传播的具体过程如图 2-75 所示。

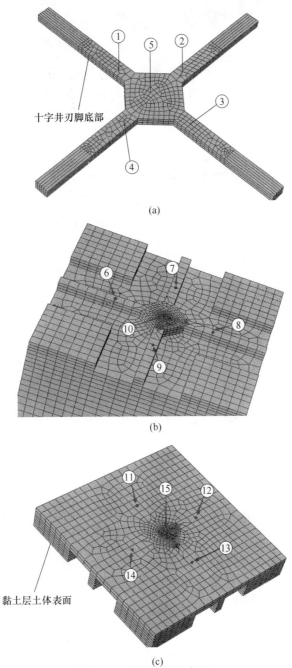

(a)

(b)

(c)

图 2-74 监测点位置意图

（a）①~⑤监测点示意图；（b）⑥~⑩监测点示意图；

（c）⑪~⑮监测点示意图

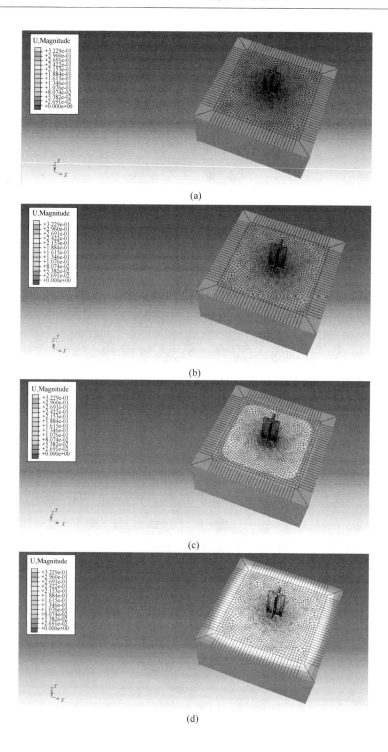

(a)

(b)

(c)

(d)

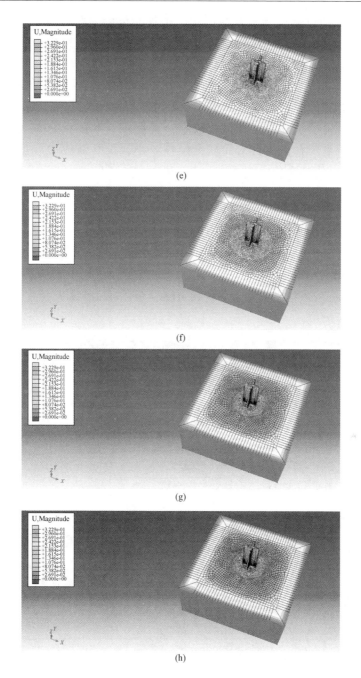

图 2-75　位移传播云图

（a）$t=0$s 施加重力荷载；（b）$t=0.1$s 沉井压实黏土层；（c）$t=0.3$s 沉井下黏土层有微小的位移；
（d）$t=0.6$s 开始施加爆炸荷载；（e）$t=0.7$s 沉井下黏土出现位移；（f）$t=0.9$s 沉井下沉；
（g）$t=1.0$s 应力波使四周黏土产生微小的位移；（h）$t=1.02$s 爆轰结束

从图 2-75 的位移传播示意图可知，位移的传播主要分两个阶段。第一阶段，由于重力的作用，沉井开始初步下沉压实黏土，此过程中，黏土小范围内有很小的位移，随着沉井的不断下压，黏土的位移逐渐增大并带动周围的黏土产生位移。第二阶段，当沉井稳定时，在炮孔壁施加应力波载荷，随着爆轰波向四周的传播，沉井下方的黏土产生巨大的位移并破坏；非自由面方向的黏土也产生了位移，但是位移较小，其位移基本在 0.002~0.005m 范围内，从模拟结果来看，非自由面黏土位移较小，没有被应力波损伤，但有一定的夯实作用。

2.7.2.2　应力分析

应力分析包括 ABAQUS 模拟中的整体应力分析和 15 个监测点的应力时程曲线分析。

A　整体应力分析

整体应力分析包括黏土应力分析和刃脚应力分析。整体应力波传播过程的结果如图 2-76 所示。

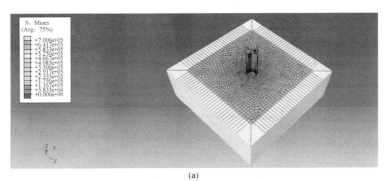

(a)

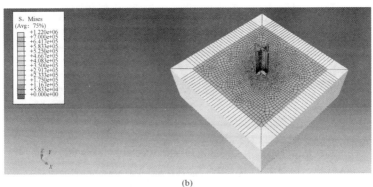

(b)

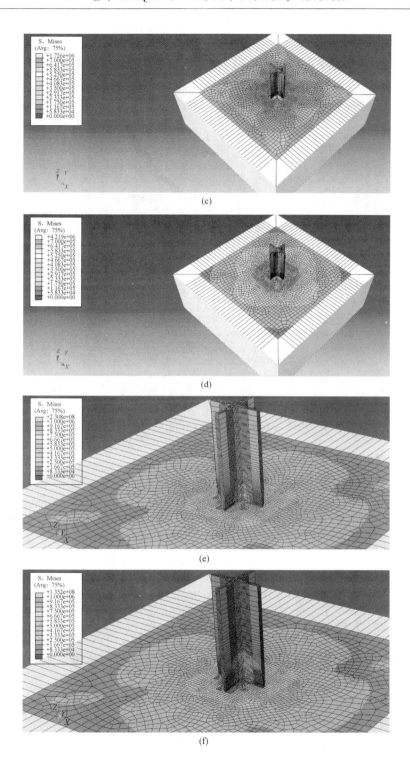

(c)

(d)

(e)

(f)

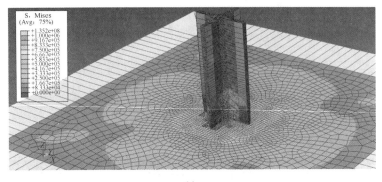

(g)

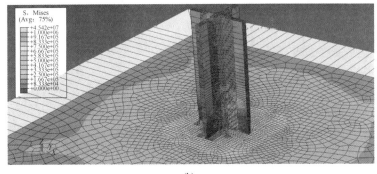

(h)

图 2-76　应力传播云图

（a）$t=0$s 零应力状态；（b）$t=0.2$s 沉井下压产生应力；（c）$t=0.5$s 应力向四周传播；
（d）$t=0.7$s 沉井下沉稳定；（e）$t=1.0$s 施加爆炸荷载；（f）$t=1.008$s 爆炸应力波向沉井上传播；
（g）$t=1.015$s 爆炸应力波不断向沉井上传播；（h）$t=1.02$s 爆轰结束

　　由图 2-76 可以看出，刚开始整体处于原始零应力状态，随着沉井的不断下压，应力波向黏土周围传播、扩散，沉井正下方黏土层的应力最大，最大值为 1MPa；当沉井下沉稳定后，施加爆炸荷载，此时，爆炸产生的应力波不断向黏土及沉井上侧传播，从图 2-76（e）～（h）可以看出，爆炸应力波向沉井上方传播，沉井上方的应力值随着爆炸应力波的传播不断变大，直到爆轰结束。

　　B　监测点的应力时程曲线分析

　　在提交运算时在模型的 15 个关键位置设置监测点。

　　①～⑤号监测点的应力时程曲线如图 2-77 所示。

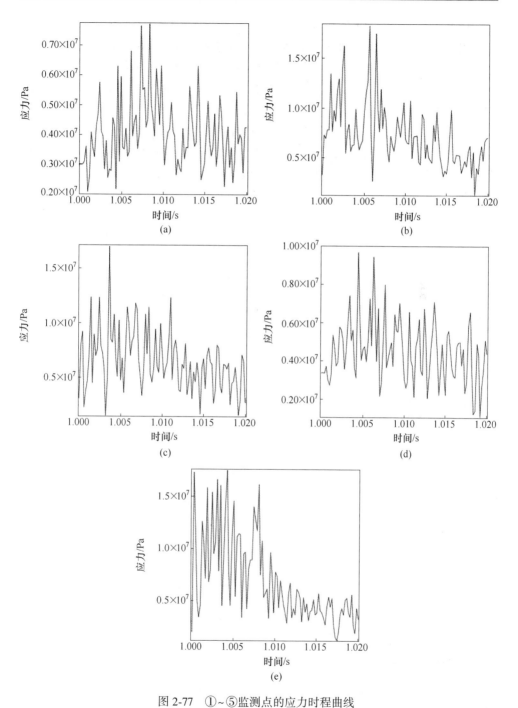

图 2-77　①~⑤监测点的应力时程曲线

（a）①号监测点；（b）②号监测点；（c）③号监测点；（d）④号监测点；（e）⑤号监测点

　　从图2-77（e）可以看出，由于设置的监测点位于中心轴，距离四个炮孔的距离相近，爆轰波在此处多次叠加增强，导致图2-77（e）中出现多次大的峰值，之后爆轰波能量慢慢衰减，应力值也随之慢慢变小，该应力时程曲线图与施加的爆轰波的时程曲线图有一定的相似，符合爆轰波在介质中的传播规律。结合图2-77可以看出，沉井内部最大的应力值达到17.5MPa。

　　混凝土的动态抗压强度为40.13MPa，而从模拟结果来看，①~⑤监测点所得数据最大值为17.5MPa，不到钢筋混凝土动态抗压强度的40%，所以从模拟结果来看，爆破并不会对十字井的刃脚产生破坏。

　　⑥~⑩监测点的应力时程曲线如图2-78所示。

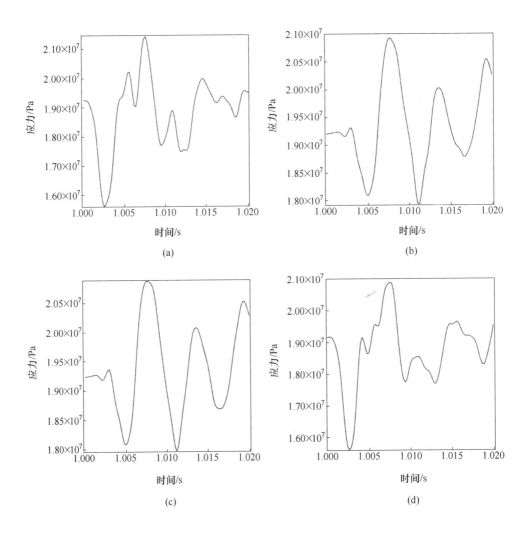

(a)

(b)

(c)

(d)

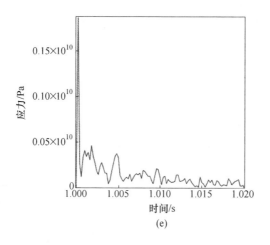

图 2-78 ⑥~⑩监测点应力时程曲线

(a) ⑥号监测点;(b) ⑦号监测点;(c) ⑧号监测点;(d) ⑨号监测点;(e) ⑩号监测点

图 2-78 (a)、(d) 和图 2-78 (b)、(c) 对应的点沿过中心炮孔的对称轴对称,图 2-78 (e) 为十字沉井正下方黏土中心轴处的监测点的应力时程曲线,从图 2-78 (a)~(d) 可以看出,当施加应力波时,由于监测点与炮孔的距离非常小,没有很明显的波的叠加和干涉,故 4 个监测点出现最大峰值的时间基本相同。图 2-78 (a) 与 (d)、图 2-78 (b) 与 (c) 的波形图基本相同;从图 2-78 (e) 可以看出,由于位于中心轴的监测点距离 4 个炮孔近,4 个爆炸应力波在该监测点产生了叠加和干涉,应力值达到最大,随后便开始慢慢减弱,这与 ANSYS 模拟的应力波(也是本次模拟施加的应力波)时程曲线图相似。从图 2-78 可以看出,最大应力值位于沉井正下方黏土中心轴处(距离黏土表面上方 1m 处),达到 2.25×10^9 Pa,图 2-78 (a)~(d) 时程曲线所得最大拉应力为 20MPa,是黏土的极限抗拉强度的 20 倍左右,说明爆破范围内的黏土层产生了极大的破坏,乃至被爆炸气体膨胀推出,形成爆堆。

⑪~⑮监测点的应力时程曲线如图 2-79 所示。

从图 2-79 (a)~(d) 可以看出,应力波在传播到四个监测点时都得到 3 次明显叠加。由于图 2-79 (a) 与 (d)、(b) 与 (c) 关于过中心炮孔的一条轴线对称,故应力时程曲线有一定的相似,图 2-79 的⑮监测点在经过几次应力波叠加后,随着应力波的不断衰减,应力值随之变小,其整个应力时程曲线与施加的应力波的应力时程曲线有一定的相似度。从图 2-79 可以看出,应力值在黏土中心轴处达到最大值为 18.5MPa,此时 θ 为 11.26°,小于黏土的 φ 值(为 22.2°),根据摩尔-库仑判定准则,黏土未发生破坏(损伤)。

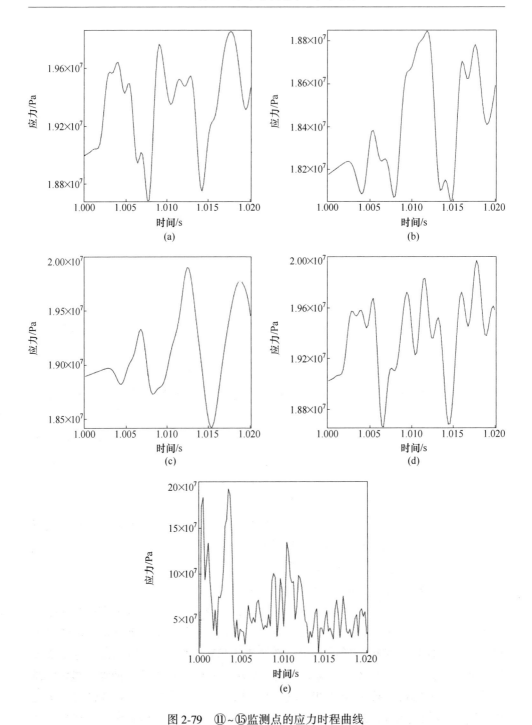

图 2-79　⑪~⑮监测点的应力时程曲线

（a）⑪号监测点；（b）⑫号监测点；（c）⑬号监测点；（d）⑭号监测点；（e）⑮号监测点

2.7.3 T形井模拟结果分析

ABAQUS 模拟包含黏土和沉井的应力分析、沉井的爆破振动速度分析。在提交运算时在模型的 9 个关键位置设置监测点。在沉井底部刃脚向上 1m 处设置了 3 个监测点，编号为①、②、③；自土体表面向下 1m 处设置了 3 个监测点，编号为④、⑤、⑥；自土体表面向下 3m 处设置了 3 个监测点，编号为分别⑦、⑧、⑨。对黏土的应力变化情况和沉井内的应力、速度变化情况进行监测。9 个监测点的位置如图 2-80 所示。通过①、②、③监测点判断爆轰波对沉井刃脚是否有损伤，通过④、⑤、⑥监测点判断黏土层是否可以被爆开，通过⑦、⑧、⑨监测点判断爆轰波对基底持力层黏土是否有损伤。

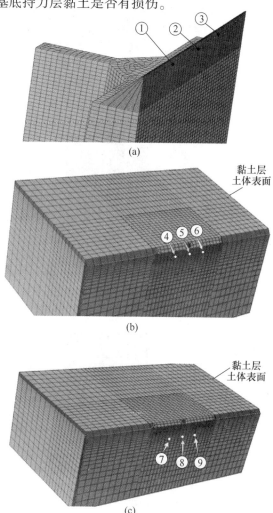

图 2-80 T形结构监测点位置示意图

(a) ①、②、③监测点位置；(b) ④、⑤、⑥监测点位置；(c) ⑦、⑧、⑨监测点位置

ABAQUS 模拟的整体应力分析和 9 个监测点的应力时程曲线分析如下。

2.7.3.1　整体应力分析

整体应力分析包括黏土应力分析和沉井刃脚应力分析。整体应力波的传播过程的结果如图 2-81 所示。

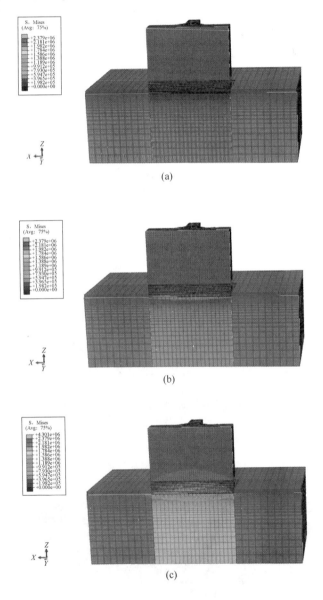

(a)

(b)

(c)

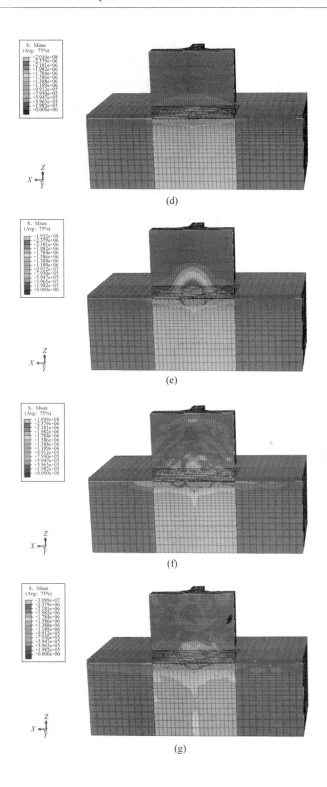

(d)

(e)

(f)

(g)

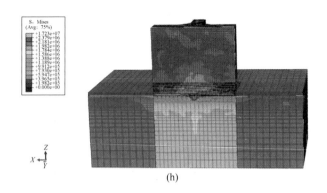

(h)

图 2-81　应力传播云图

（a）$t=0s$ 零应力状态；（b）$t=1.5s$ 施加重力后应力图；（c）$t=3s$ 开始施加爆炸荷载；（d）$t=3.002s$
爆炸应力波开始传播；（e）$t=3.01s$ 爆炸应力波逐渐向上传播；（f）$t=3.012s$ 爆炸应力波达到
边界发生反射；（g）$t=3.016s$ 爆炸应力波在沉井边界不断反射；（h）$t=3.02s$ 爆轰结束

由图 2-81 可以看出，刚开始整体处于原始零应力状态，随着沉井的不断下压，应力波向黏土周围传播、扩散，沉井正下方黏土层的应力最大，最大值为 4MPa；当沉井下沉稳定后，施加爆炸荷载，此时，爆炸产生的应力波不断向黏土及沉井上侧传播，从图 3-81（c）~（h）可以看出，爆炸应力波向沉井上方传播，沉井上方的应力值随着爆炸应力波的传播不断变大，直到爆轰结束。

2.7.3.2　监测点的应力时程曲线分析

在提交运算时在模型的 9 个关键位置设置监测点。①、②、③监测点的应力时程曲线如图 2-82 所示。

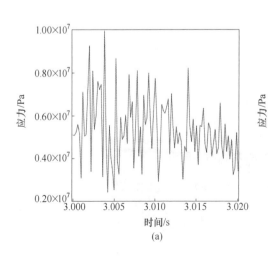

(a)

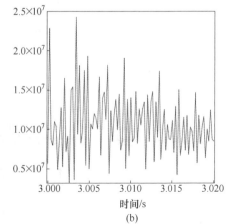

(b)

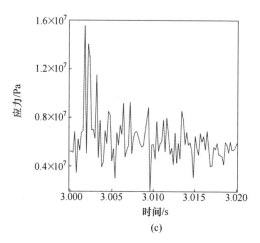

图 2-82 ①、②、③监测点的应力时程曲线
（a）①号监测点；（b）②号监测点；（c）③号监测点

从图 2-82（b）可以看出，由于设置的监测点位于中心轴，距离炮孔的距离相对较近，故应力波首先达到此处并叠加增强，导致图 2-82（b）最快达到最大峰值，之后爆炸应力波经过几次叠加，随后能量慢慢衰减，应力值也随之慢慢变小，该应力时程曲线图与施加的爆炸应力波的时程曲线图有一定的相似，符合爆轰波在介质中的传播规律。结合图 2-82 可以看出，沉井内部刃脚处最大的应力值达到 5.5MPa。而 T 形井的钢筋混凝土的动态抗压强度应大于 44.13MPa。而从模拟结果来看，①、②、③监测点所得数据最大值为 24.6MPa，不到钢筋混凝土动态抗压强度的 56%，所以从模拟结果来看，爆破并不会对 T 形井的刃脚产生破坏。

④、⑤、⑥监测点的应力时程曲线如图 2-83 所示。

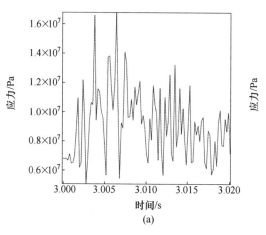

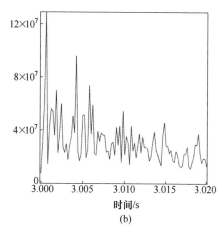

（a）　　　　　　　　　　　　　　　　（b）

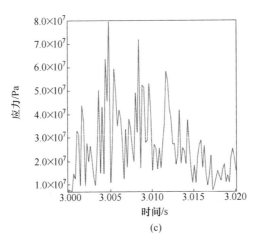

(c)

图 2-83　④、⑤、⑥监测点应力时程曲线

(a) ④号监测点；(b) ⑤号监测点；(c) ⑥号监测点

从图 2-83（a）、（c）可以看出，当施加应力波时，两个监测点与炮孔距离基本相同，故产生的波形图也有一定的相似度。从图 2-83（b）可以看出，由于位于中心轴的监测点距离炮孔相对较近，爆炸应力波首先达到该监测点，导致该点应力值迅速增大，随后由于波的反射，波产生叠加和干涉，应力值也得到几次增大，随后便开始慢慢减弱，这与 ANSYS 模拟的应力波（也是本次模拟施加的应力波）时程曲线图相似。从图 2-83 可以看出，最大应力值位于沉井正下方黏土中心轴处（距离表面 0.5m），达到 $1.295×10^8$Pa，图 2-83（a）~（c）时程曲线图中的最大值也都超过了 16MPa，是黏土的极限抗拉强度的 20 倍左右，说明爆破范围内的黏土层产生了极大的破坏，乃至被爆炸气体膨胀推出，形成爆堆。

⑦、⑧、⑨监测点的应力时程曲线如图 2-84 所示。

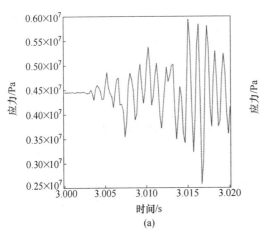

(a)

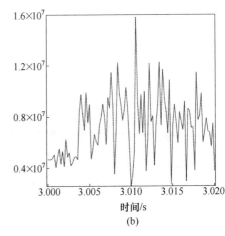

(b)

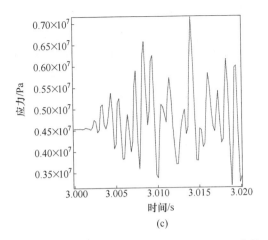

图 2-84 ⑦、⑧、⑨监测点的应力时程曲线

(a) ⑦号监测点；(b) ⑧号监测点；(c) ⑨号监测点

从图 2-84 可以看出，应力波在传播到 3 个监测点时都得到明显叠加。由于图 2-84 (a) 与 (c) 与炮孔的距离基本相同，故应力时程曲线有一定的相似，图 2-84 (b) 监测点在经过几次应力波叠加应力值达到最大后，随着应力波的不断衰减，应力值变小，其整个应力时程曲线与施加的应力波的应力时程曲线有一定的相似度。从图 2-84 可以看出，应力值在黏土中心轴处达到最大值为 15.88MPa，此时 θ 为 16.38°，小于黏土的 φ 值（为 22.2°），根据摩尔-库仑判定准则，黏土未发生破坏（损伤）。

2.7.4 小结

(1) 通过 ABAQUS 模拟时，在十字井隔舱底部与黏土层的交界面向下 1m 的断面上设置了 5 个监测点，所得最大拉应力为 21MPa，是黏土的极限抗拉强度的 20 倍左右，说明爆破范围内的黏土层产生了极大破坏，乃至被爆炸气体膨胀推出，形成爆堆。

(2) 通过 ABAQUS 模拟时，同样按照上述爆破参数，在十字井隔舱底部的刃脚处设置了 5 个监测点，所得最大压应力为 17.5MPa，是 C30 强度混凝土动态抗压强度的 40%。在 T 形井刃脚的关键部位设置了 3 个监测点，所得最大压应力为 24.6MPa，是 C30 强度混凝土动态抗压强度的 56%，不会对混凝土产生破坏，沉井刃脚没有损伤。

(3) 通过 ABAQUS 模拟沉井阶段爆破对下方黏土层地基的作用效应，炸药爆炸后形成的压缩应力波在炮孔下方相当于在无限介质中传播，在十字井结构中最大的压应力为 18.5MPa，此时 θ 为 11.26°，小于黏土的 φ 值（为 22.2°），根据摩尔-库仑判定准则，黏土未发生破坏（损伤）。根据工程经验，黏土受压后孔隙比减小，黏土有夯实效果。

　　在 T 形井刃脚与黏土层的交界面向下 3m 的断面上设置了 3 个监测点，药爆炸后形成的压缩应力波在炮孔下方相当于在无限介质中传播，所得最大拉应力为 15.88MPa，此时 θ 为 16.38°，小于黏土的 φ 值（为 22.2°），根据摩尔-库仑判定准则，黏土未发生破坏（损伤）。根据工程经验，黏土受压后孔隙比减小，黏土有夯实效果。

3 水下爆破对基底黏土力学性能影响试验研究

3.1 黏土力学参数试验研究

借助 LS-DYNA 和 ABAQUS 有限元软件进行水下爆破关键技术研究，LS-DYNA 和 ABAQUS 数值模拟需要黏土的渗透系数，压缩系数，回弹系数，先期固结压力，初始孔隙比，应力路径曲线的临界状态线斜率，C、φ 值，弹性模量和泊松比等黏土物理属性及力学参数，需对土做压缩-固结试验、渗透试验、三轴试验、共振柱试验。物理属性参数委托大冶有色兴科建设工程质量检测有限公司和水利部长江科学院工程质量检测中心完成，共振柱试验在中国科学院武汉岩土力学研究所完成，压缩-固结试验由水利部长江科学院工程质量检测中心完成，三轴试验由水利部长江科学院工程质量检测中心和中国科学院武汉岩土力学研究所共同完成。部分实验仪器和操作如图 3-1~图 3-3 所示，试验仪器先进，工作人员操作熟练，试验数据效果良好、可靠。

图 3-1　三轴试验土样

图 3-2　三轴试验上样

图 3-3　GDS 三轴试验仪

3.1.1　黏土物理及力学参数测试分析

通过现场钻孔取样、室内实验工作，取得了沉井基底持力层黏土原状样的物理力学属性参数，为后期理论计算和数值模拟分析提供了比较可靠的基础输入参数。3 个钻孔 12 个样品的物理属性测试结果见表 3-1。下面对各个物理属性参数的概率密度分布进行分析。

3.1.1.1　比重测试

表 3-1 是持力层黏土比重分布。可以看出大桥基底持力层黏土的比重 G_s 均为 2.70g/cm³，在深度方向上没有明显的分布规律。

表 3-1　持力层黏土比重分布

序号	1	2	3	4	5	6	7	8	9	10	11	12
土样编号	HCZ-10	HCZ-10	HCZ-9	HCZ-9	HCZ-9	HCZ-9	HCZ-9	HCZ-9	HCZ-9	HCZ-7	HCZ-7	HCZ-7
取土深度/m	−10.4~−10.6	−10.4~−10.6	−18.6~−18.8	−11.8~−12	−12.6~−12.8	−9.2~−9.4	−9.2~−9.4	−16.2~−16.4	−16.1~−16.4	−12.4~−12.6	−10.1~−10.3	−11.6~−11.8
比重 G_s /g·cm⁻³	2.70	2.70	2.70	2.70	2.70	2.70	2.70	2.70	2.70	2.70	2.70	2.70

3.1.1.2　饱和度测试

图 3-4 所示为持力层黏土饱和度的概率密度分布。可以看出大桥基底持力层

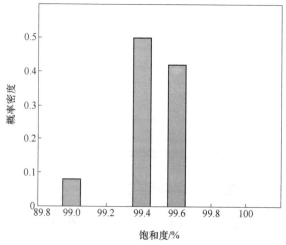

图 3-4　持力层黏土饱和度的概率密度分布

黏土的饱和度一般都大于90%，基本分布在99.2%~99.6%，饱和度取均值为99.37%。由于大桥基底持力层黏土的饱和度极大，处于近饱和状态，所以基本不存在基质吸力，在研究大桥基底河床的动力响应时不需要采用非饱和土力学理论，采用基于饱和土力学的Biot理论即可。

3.1.1.3 干密度测试

图3-5所示为大桥基底持力层黏土干密度的概率密度分布，表明大桥基底河床的干密度一般在1.58~1.77g/cm³，在1.70g/cm³周围分布较多，近似接近均匀分布，取干密度的值为1.70g/cm³。

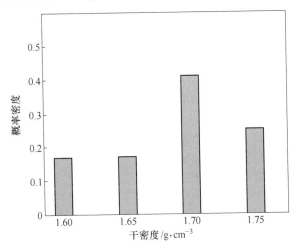

图3-5 持力层黏土干密度的概率密度分布

3.1.1.4 含水率测试

图3-6所示为大桥基底持力层黏土含水率的概率密度分布，表明大桥基底黏土的含水率基本在19%~26%范围内，取均值为20.9%。

3.1.1.5 初始孔隙比测试

图3-7所示为大桥基底持力层黏土孔隙比的概率密度分布，表明大桥基底持力层黏土的孔隙比 e 一般在0.55~0.71之间，在0.60附近相对集中，故孔隙比取均值为0.60。

3.1.1.6 天然密度测试

图3-8所示为大桥基底持力层黏土天然密度的概率密度分布，表明大桥基底黏土的天然密度一般在1.99~2.1g/cm³，在分布上存在高峰区，大约为

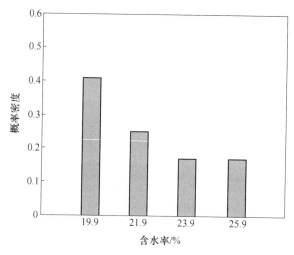

图 3-6　持力层黏土含水率的概率密度分布

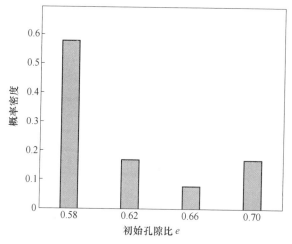

图 3-7　持力层黏土初始孔隙比的概率密度分布

2.07g/cm^3。在深度方向上，没有明显的规律，分布较均匀。

3.1.1.7　塑限和液限测试分析

图 3-9 所示为大桥基底持力层黏土塑限的概率密度分布，表明大桥基底黏土的缩限一般在 15.5%~19% 之间，分布比较均匀，取均值为 17.28%。

图 3-10 所示为大桥基底持力层黏土塑性指数的概率密度分布。结果表明大桥基底黏土的塑性指数一般在 20%~33% 之间，在 24% 周围分布比较集中，取均值为 25%。

图 3-11 所示为大桥基底持力层黏土液限的概率密度分布，结果表明大桥基

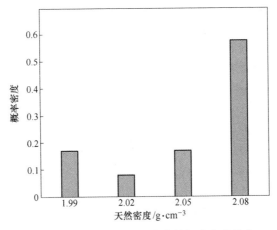

图 3-8　持力层黏土天然密度的概率密度分布

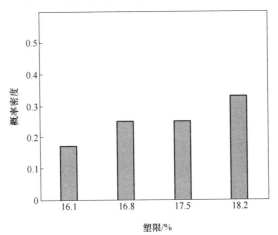

图 3-9　持力层黏土塑限的概率密度分布

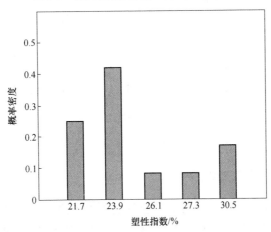

图 3-10　持力层黏土塑性指数的概率密度分布

底黏土的液限一般在 37% ~ 50% 之间，集中分布在 42.3%。

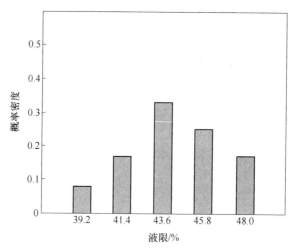

图 3-11　持力层黏土液限的概率密度分布

图 3-12 所示为大桥基底持力层黏土液性指数的概率密度分布和沿深度分布，结果表明大桥基底黏土的液限指数一般集中在 -0.30 ~ -0.05 之间。液性指数是表征土目前所处的状态，从图中可看出此黏土的所有液限指数均小于 0，表明黏土很坚硬且不易被液化。

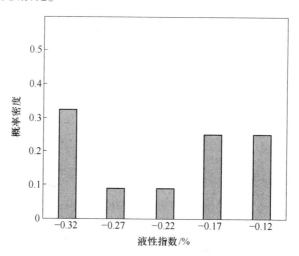

图 3-12　持力层黏土液性指数的概率密度分布

3.1.1.8　渗透系数测试分析

图 3-13 所示为大桥基底持力层黏土渗透系数沿深度的分布，结果表明大桥基底黏土与深度没有明显关系，渗透系数一般在 $3.0×10^{-7}$ ~ $3.0×10^{-5}$ cm/s，渗透

系数测定数值的标准差为 $1.377×10^{-5}$ cm/s，极差为 $3.760×10^{-5}$ cm/s，分布较为均匀，可行度较高，取渗透系数的值为 $8.0×10^{-6}$ cm/s。

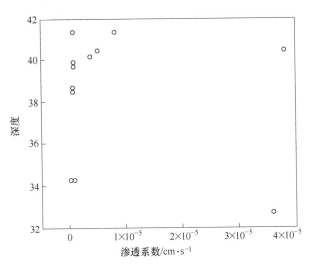

图 3-13　持力层黏土渗透系数沿深度分布

3.1.2　力学参数计算

3.1.2.1　修正剑桥黏土（MCC）本构模型参数

土的剑桥本构模型是 20 世纪 60 年代由剑桥大学研究人员提出的。这一模型的提出建立在大量的黏土压缩固结试验数据的基础之上，特别适用于描述黏性土的力学行为。剑桥模型的建立在土的本构模型这一研究领域具有里程碑的意义。目前土的剑桥模型在工程、理论研究领域广泛应用。大桥基础持力层黏土能较好地适用于此模型。这里也需要确定黏土剑桥模型的参数。

本节开展持力层黏土的固结压缩试验，针对 3 个钻孔土样开展了 6 组试验。图 3-14 所示为其中一个钻孔中一个典型的压缩固结曲线。从图 3-14 可以看到，当压力达到 400kPa 之后，压缩曲线即为直线，也就是正常固结线；还可以看出该压缩固结试验过程中进行了加卸载过程，且在 0~50kPa 范围内加载间隔较小，因此可得出先期固结压力。在剑桥模型中，还有描述弹塑性变形和纯弹性变形的参数 C_c 和 C_s，其中 C_c 为正常固结线的斜率即压缩指数，C_s 为回弹-再压缩线的斜率即回弹指数，各项参数见表 3-2。

图 3-15 所示为持力层黏土 100~200kPa 时压缩模量和持力层黏土先期固结压力分布，压缩模量数据相对集中，取压缩模量为 13.60MPa，右图虚线框中的先期固结压力偏大，是因为黏土失水所致，故去掉这两个值去平均值得先期固结压力为 190.5kPa。

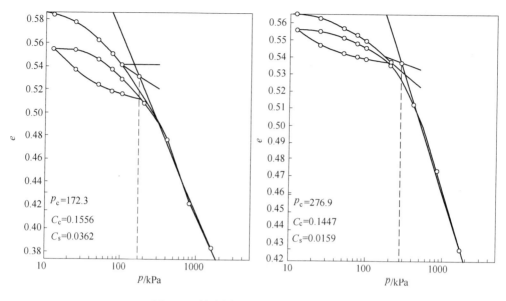

图 3-14 持力层黏土压缩固结试验曲线

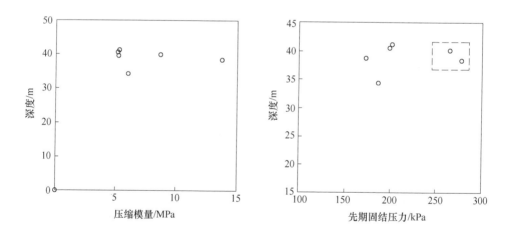

图 3-15 持力层黏土压缩模量和先期固结压力分布

　　图 3-16 所示为持力层黏土压缩指数和回弹指数分布，结果表明持力层黏土的压缩指数分布较为集中，为低压缩性黏土，取均值为 0.1631；回弹指数在 0.015~0.050 之间，分布区间较小，取均值为 0.0336。

　　众所周知，土的压缩性能和土所处的应力环境密切相关，高围压的条件下，土的承载能力更强。图 3-17 和图 3-18 所示为大桥基底持力层黏土压缩模量、压缩系数和施加压力的关系。表明持力层黏土在各级压力下，压缩模量和压缩系数分布很广，但是持力层黏土的压缩模量平均值和施加的压力具有正相关的关系，

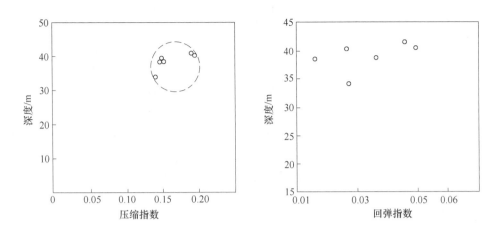

图 3-16　持力层黏土压缩指数和回弹指数分布

压缩系数的平均值和施加压力具有负相关的关系。

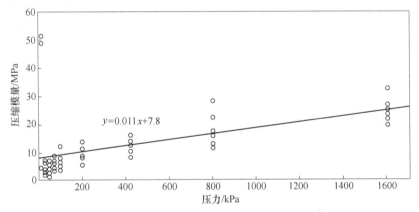

图 3-17　持力层黏土压缩模量和施加压力的关系

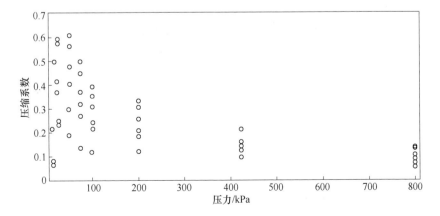

图 3-18　持力层黏土压缩系数和施加压力的关系

表3-2 持力层黏土固结压缩实验力学参数

序号	1	2	3	4	5	6	7
土样编号	HCZ-10	HCZ-9	HCZ-9	HCZ-9	HCZ-7	HCZ-7	均值
取土深度/m	−10.4~−10.6	−16.2~−16.4	−12.6~−12.8	−9.2~−9.4	−12.4~−12.6	−10.1~−10.3	
压缩模量 E_s/MPa	12.25	15.42	11.58	12.54	13.82	15.99	13.60
压缩指数 C_c	0.1958	0.1410	0.1556	0.1889	0.1447	0.1523	0.1631
回弹指数 C_s	0.0495	0.0272	0.0362	0.0459	0.0159	0.0267	0.0336
先期固结压力 P_c/kPa	197.8	186.3	172.3	203.8	276.9	264.3	190.5
压缩系数 a_v/MPa^{-1}	0.139	0.101	0.137	0.132	0.118	0.098	0.121

3.1.2.2 三轴压缩实验分析

本节开展静态三轴试验，采用固结不排水的试验方法，分别在 100kPa、200kPa、300kPa、400kPa 围压下施加轴向荷载使得土体破坏，利用破坏状态莫尔圆切线的方法确定持力层黏土的黏聚力和内摩擦角（图 3-19），以及通过应力应变得到临界状态线（CSL）的斜率，即 M_f 的值。

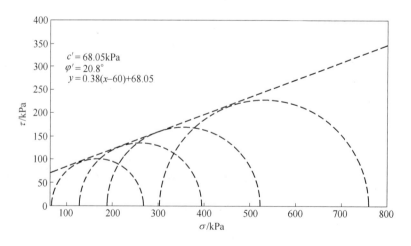

图 3-19 持力层黏土部分三轴试验数据处理

图 3-19 所示为持力层黏土中一个孔的典型三轴试验数据处理图，可以看出莫尔圆的公共切线与每个围压下的莫尔圆相切良好，表明试验效果良好，数据可靠度高。分析该图可得出此样的黏聚力 C 为 68.05kPa，内摩擦角 φ 为 20.8°，其他分析结果见表 3-3。

对 3 个钻孔 4 组数据进行分析（分析结果见表 3-3），表明黏土平均内摩擦角 φ 为 22.2°，黏聚力 C 为 72.91kPa。

表 3-3 三轴试验测试结果

序　　号	1	2	3	4	5
土样编号	HCZ-10	HCZ-9	HCZ-9	HCZ-9	均值
取土深度/m	-10.4 ~ -10.6	-18.6 ~ -18.8	-11.8 ~ -10.0	-16.2 ~ -16.4	
黏聚力 C/kPa	68.05	75.68	78.62	69.29	72.91
内摩擦角 φ/(°)	20.8	22.8	21.8	23.4	22.2

3.1.2.3 共振柱试验分析

由持力层黏土共振柱试验阻尼图 3-20 可以看出实验效果较好，并获得试验仪器参数，计算得出围压 100kPa 和 200kPa 时的动剪切模量分别为 60.5MPa、102.2MPa，动弹性模量分别为 32.6MPa、67MPa。

3.1.2.4 弹性参数提取

弹性参数包括弹性模量、剪切模量和泊松比，是土的非常重要的参数，在很多的力学计算中都需要作为输入参数参与计算，确定土的应力状态。

本节试验虽然开展了三轴实验，但是由于没有三轴实验过程曲线，所以没有办法直接提取持力层黏土的弹性模量和泊松比。但是在开展一维固结压缩试验时，确定了持力层黏土的压缩模量。根据弹性模量和压缩模量的关系公式 $E = \left(1 - \dfrac{2\mu^2}{1-\mu}\right)E_s$ 可确定弹性模量，根据剪切模量和弹性模量的关系式 $G = \dfrac{E}{2(1+\mu)}$ 可确定剪切模量。

研究表明，泊松比的取值不仅和土样所处的状态有关，例如处于弹性变形阶段或体缩阶段的泊松比肯定小于 0.50；如果处于体涨的破坏阶段，泊松比要大于 0.50。土的泊松比还与围压有直接的关系，大围压条件下，泊松比相对小一些。另外泊松比还与土样的剪切应变的量级有关，低应变时处于弹性阶段，一般为

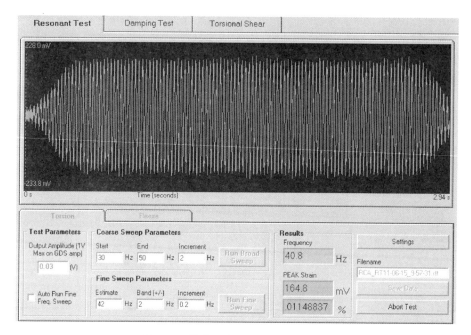

图 3-20　持力层黏土共振柱试验阻尼

0.25；大应变且不出现体涨时接近 0.50。潘华等的实验成果就论证了这一点（图 3-21），因此推荐持力层黏土的泊松比取 0.30 比较合适。持力层黏弹性模量与泊松比估算值见表 3-4。

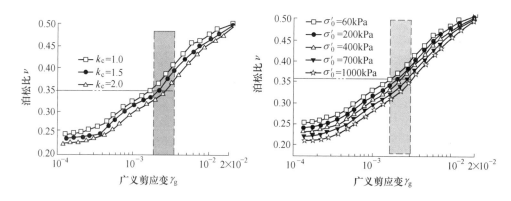

图 3-21　土的泊松比与应变量级相关的试验结果

　　持力层黏土的弹性模量和剪切模量的估计值见表 3-4。计算结果表明，平均围压在 100~200kPa 的条件下，持力层黏土的弹性模量在 9.0~12.0MPa 的范围内，平均取值 10.11MPa，在一般黏土的弹性模量 4~15MPa 的合理范围内，可信度高。

表 3-4 持力层黏土的弹性模量、泊松比估计值

序号	1	2	3	4	5	6	7
土样编号	HCZ-10	HCZ-9	HCZ-9	HCZ-9	HCZ-7	HCZ-7	均值
取土深度/m	−10.4 ~ −10.6	−16.2 ~ −16.4	−12.6 ~ −12.8	−9.2 ~ −9.4	−12.4 ~ −12.6	−10.1 ~ −10.3	
压缩模量 E_s/MPa	12.25	15.42	11.58	12.54	13.82	15.99	13.60
泊松比 μ	0.30	0.30	0.30	0.30	0.30	0.30	0.30
弹性模量 E/MPa	9.1	11.46	8.60	9.32	10.27	11.88	10.11
剪切模量 G/MPa	3.50	4.41	3.31	3.58	3.95	4.57	3.89

注：表中 E_s 值是在 100~200kPa 围压条件下测得。

通过对大桥基底持力层黏土的测试数据进行详尽的分析，得到了持力层黏土的物理力学属性和参数（表 3-5），可以直接用于今后的评价分析计算中。

表 3-5 持力层黏土 3 个钻孔 12 个样品的物性测试结果统计表

参数	w	ρ	ρ_d	e_0	S_r	a_{1-2}	E_s	c	φ	G_s
平均值	21.97	2.04	1.68	0.605	99.4	0.121	13.60	72.9	22.2	2.70
标准差	2.32	0.03	0.06	0.057	1.90	0.084	3.43	1.17	3.19	0

参数	I_L	W_P	I_P	C_c	C_s	M_f	G	E	P_c	W_L
平均值	−0.25	17.28	25.0	0.1631	0.0336	0.94	3.89	10.1	191.3	43.14
标准值	0.10	0.93	3.39	0.0234	0.0127	0.025	0.98	2.55	13.8	3.10

注：表中字母含义如下：

w—含水率,%；ρ—天然密度，g/cm³；ρ_d—干密度，g/cm³；G_s—比重，g/cm³；e_0—初始孔隙比；S_r—饱和度；W_L—液限,%；W_P—塑限,%；I_P—塑性指数,%；I_L—液性指数；a_{1-2}—压缩系数，MPa⁻¹，与 $P = 100~200$MPa 相对应；E_s—压缩模量，MPa，与 $P = 100~200$MPa 相对应；P_c—先期固结压力，kPa；C_c—压缩指数；C_s—回弹指数；c—黏聚力，kPa；φ—内摩擦角，(°)；M_f—临界状态线；E—弹性模量，MPa；G—剪切模量，MPa

3.1.3 黏土及刃脚混凝土损伤判定依据

此判定依据使用范围为大桥基础土层水下爆破，判定爆破能否抛开刃脚下的

黏土、爆破对刃脚的损伤程度，以及爆破对基底持力层黏土的影响程度。

3.1.3.1　编制依据

（1）《大桥工程施工图》。
（2）交通部《公路工程施工安全技术规程》（JTG F 90—2015）。
（3）《爆破安全规程》（GB 6722—2014）。
（4）《混凝土结构设计规范》（GB 50010—2010）。
（5）《土工试验标准》（GB/T 50123—1999）。
（6）土工试验结果见黏土力学参数提取。

3.1.3.2　判定依据

A　黏土破坏判据

依据土工试验结果，黏土破坏时测定的数见表 3-6。

表 3-6　黏土破坏时参数

参数	G	E	e_0	E_s	c	φ	E_{s1}	E_{s2}	G_{s1}	G_{s2}
破坏值	3.89	10.1	0.605	13.60	72.9	22.2	32.6	67	60.5	102.2

注：表中字母含义如下：

　　e_0—初始孔隙比；E_s—压缩模量，MPa，与 $P = 100 \sim 200$MPa 相对应；c—黏聚力，kPa；φ—摩擦
　　角，（°）；E—弹性模量，MPa；G—剪切模量，MPa；E_{s1}—动弹性模量，MPa，围压 100kPa；
　　E_{s2}—动弹性模量，MPa，围压 200kPa；G_{s1}—动剪切模量，MPa，围压 100kPa；G_{s2}—动剪切模
　　量，MPa，围压 200kPa。

通过三轴试验可得出黏土的 c、φ 值，通过数值模拟可提取黏土中任意点的应力状态，并可将抗剪强度线与摩尔应力圆绘制在同一坐标图中，判断该处黏土的破坏情况，如图 3-22 所示，应力圆与直线相切，表明土濒于破坏，处于极限平衡状态；应力圆与抗剪强度线不接触为破坏；应力圆与抗剪强度线相割表明已破坏。

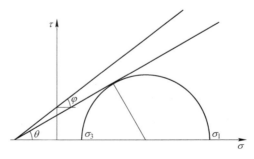

图 3-22　土剪切破坏极限平衡图

通过数值模拟提取黏土三维方向的 σ、τ，计算出 θ 值与试验 φ 值，对比判

定黏土的破坏情况。计算方法如下：

$$\begin{vmatrix} \sigma_x - \sigma & \tau_{yx} & \tau_{zx} \\ \tau_{xy} & \sigma_y - \sigma & \tau_{zy} \\ \tau_{xz} & \tau_{yz} & \sigma_z - \sigma \end{vmatrix} = 0 \tag{3-1}$$

行列式展开为：

$$\sigma^3 - a\sigma^2 + b\sigma - c = 0 \tag{3-2}$$

其中

$$a = \sigma_x + \sigma_y + \sigma_z$$

$$b = \sigma_x \sigma_y + \sigma_y \sigma_{yz} + \sigma_z \sigma_x - \tau_{xy}^2 - \tau_{yz}^2 - \tau_{zx}^2$$

$$c = \sigma_{xyz} + 2\tau_{xy}\tau_{yz}\tau_{zx} - (\sigma_x \tau_{yz}^2 + \sigma_y \tau_{zx}^2 + \sigma_z \tau_{xy}^2)$$

解式（3-2）的 3 个根，即 σ_1、σ_2、σ_3。

$$\sin\theta = \frac{(\sigma_1 - \sigma_3)/2}{(\sigma_1 + \sigma_3)/2 + C\cot\varphi} \tag{3-3}$$

根据式（3-3）求出 θ 值，与 φ 对比判断破坏情况。当 $\theta > \varphi$ 时，黏土已破坏。

B　刃脚混凝土破坏判据

大桥水下基础土层爆破将对沉井施加动态载荷，对刃脚混凝土的破坏判断也应该采用相应的动态抗压强度。目前钢筋混凝土结构在静荷载下的性能研究已经比较成熟，当前的建筑抗震设计规范是基于静态荷载作用下的试验结果编制的，没有考虑材料的应变率效应以及材料的应变率效应对钢筋混凝土构件和结构的影响。这主要因为人们对钢筋混凝土材料、构件及结构在动荷载下的研究比较少，没有得到统一的认识。现有的研究表明，固体材料在快速加载时的性能不同于慢速加载。一般认为，动载下，引起固体材料力学性能显著区别于静载下的主要影响因素是材料的应变率敏感性，随着应变速率的增大，破坏极限强度不断增大，抗压强度可提高 100%，抗剪强度可提高 600%，不同动态荷载下材料应变率的范围见表 3-7。

表 3-7　不同荷载下材料应变率的范围　（1/s）

蠕变	静态	地震荷载	冲击荷载	爆炸
$<10^{-6}$	$10^{-6} \sim 10^{-4}$	$10^{-3} \sim 10^{-1}$	$10^{-0} \sim 10^1$	$>10^2$

参考李敏博士所做的 C30 混凝土在不同应变率下的抗压强度实验，具体数据见表 3-8。

表 3-8 C30 混凝土在不同应变率下的抗压强度

应变率/s^{-1}	F_{c1}/MPa	F_{c2}/MPa	F_{c3}/MPa	平均值/MPa
10^{-5}	37.73	38.89	34.2	36.94
10^{-4}	35.77	38.96	40.48	39.58
10^{-3}	38.21	48.27	38.26	41.58
10^{-2}	43.48	40.75	48.06	44.13

结合欧洲国际混凝土委员会（CEB）给出的单轴动态抗压强度式（3-4）～式（3-6）：

$$\frac{f_{cd}}{f_c} = \begin{cases} \left(\dfrac{\varepsilon_c}{\varepsilon_{c0}}\right)^{1.026a}, & \varepsilon_c \leqslant 30 \text{ s}^{-1} \\ \gamma \varepsilon_c^{1/3}, & \varepsilon_c > 30 \text{s}^{-1} \end{cases} \tag{3-4}$$

$$a = (5 + 0.75 f_{cu})^{-1} \tag{3-5}$$

$$\log\gamma = 6.156a - 0.492 \tag{3-6}$$

式中，f_{cd} 和 f_c 分别表示动态和准静态混凝土棱柱体抗压强度；f_{cu} 表示准静态混凝土立方体抗压强度；ε_c 和 ε_{c0} 分别表示混凝土当前受压应变率和准静态受压应变率，$\varepsilon_{c0} = 3.0 \times 10^{-5}/s$。

结合十字井的混凝土结构外围还有钢板包裹，这对钢筋混凝土结构的抗压强度有一定的提升，故可推算十字井的钢筋混凝土的动态抗压强度应大于 44.13MPa。依据《混凝土结构设计规范》和施绍裘、许慎春等人的研究，确定刃脚混凝土的动载抗拉强度为 12.02MPa。

3.2 爆破荷载对基底黏土压缩固结性质试验研究

1925 年太沙基（Terzaghi）首次提出了著名的有效应力原理，并建立了作为土力学诞生标志的饱和土体一维经典固结理论，成为土力学发展史上的一个重要里程碑；之后，Biot（1941）考虑了固结过程中孔隙压力和骨架变形之间的依赖关系，根据有效应力原理、土的连续条件和平衡方程，提出了 Biot 固结理论，对固结理论进行了完善。

地基在外部荷载作用下会产生变形，在竖向方向的变形称为沉降。沉降的大小主要取决于土体的种类以及土的压缩性质，土体变形的主要原因为固体土粒自身的压缩变形、土体中孔隙水的压缩以及土体孔隙比的减小。研究表明孔隙比的减小是土体变形的主要因素。通过对爆破荷载作用前后大桥基底黏土的压缩固结试验，对土的压缩系数、固结系数、压缩模量、孔隙比以及回弹系数进行分析，得出爆破荷载作用对基底黏土的压缩固结性质的影响。

3.2.1 压缩固结试验介绍

土的剑桥本构模型是 20 世纪 60 年代由剑桥大学研究人员提出的。这一模型的提出建立在大量的黏土压缩固结试验数据的基础之上，特别适用于描述黏性土的力学行为。剑桥模型的建立在土的本构模型这一研究领域具有里程碑的意义。目前土的剑桥模型在工程、理论研究领域广泛。现通过压缩固结试验对爆破荷载作用前后黏土的压缩性与沉降进行研究，评价爆破荷载对基底黏土压缩性能的影响，具体试验方法如下：

对爆破前后 4 个钻孔（HCZ-1，HCZ-2，HCZ-3，HCZ-4）的土样用环刀取样，爆破前后每个钻孔分别取两个环刀样，共 16 个；同时记录环刀样土体质量，测含水率、孔隙比，描述土样颜色等。

本次试验采用的试验仪器为南京泰克奥科技有限公司的高压固结仪，电脑自动读取压缩量的变化值，同一钻孔中的试样在同一仪器上进行，如图 3-23 所示。先对切好的环刀试样进行抽真空饱和，将饱和后的环刀试样置于刚性保护环内，土样从下到上应该依次垫上透水石和滤纸，将土样夹在中间，上样完成以后进行加压，先施加 1kPa 的预应力使试样与仪器接触良好，然后将百分表调零。对每个试样进行逐级加压固结，每一级荷载加压 24h，待其稳定后施加下一级压力，并对试样进行卸载加压试验，加压级别为 12.5kPa、25kPa、50kPa、100kPa、200kPa、100kPa、50kPa、25kPa、12.5kPa、25kPa、50kPa、100kPa、200kPa、400kPa、800kPa、1600kPa。在施加第一级压力后向固结仪中加水浸没试样，记录下竖向变形量和时间，试验结束后烘干土样测其干密度。

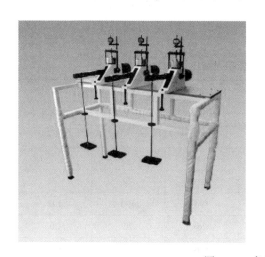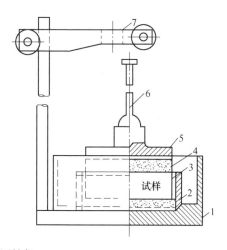

图 3-23 高压固结仪

1—水槽；2—护环；3—环刀；4—透水板；5—加压上盖；6—量表导杆；7—量表架

3.2.2 先期固结压力试验结果分析

黏土的压缩变形受多方面的影响，如自身的孔隙比、含水量变化、固结时间以及压力等，这些均由自身因素和试验操作引起，同时外界荷载作用也不容忽视。以下通过分析爆破荷载作用前后大桥基底黏土压缩系数、压缩模量、回弹系数、固结系数、孔隙比等，分析爆破荷载对大桥基底持力层压缩固结性能的影响。

土的力学性质不仅与当前的状态相关，而且还依赖于土的应力历史。一般用土的固结状态来进行评价，即超固结土、正常固结土及欠固结土，其是根据土体自重与先期固结压力的大小来评判的。爆破荷载作用前后的先期固结压力大小可运用卡萨格兰德法求得。首先画出压缩固结曲线（即 e-$\lg p$ 关系曲线），然后找出曲线的最小曲率半径点 O，过 O 点做水平直线 OA、切线 OB 及角平分线 OD，OD 与固结曲线的正常固结段 C 的延长线交于点 E，对应 E 点的值即是土的先期固结压力值，如图 3-24 所示。根据此法得到爆破荷载作用前后大桥基底持力层黏土的先期固结压力值见表 3-9。

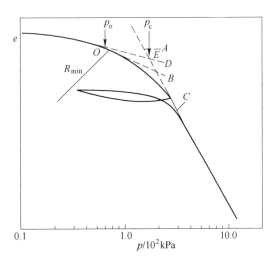

图 3-24　先期固结压力

表 3-9　爆破荷载前后先期固结压力对比

序　号		1	2	3	4
土样编号		HCZ-1	HCZ-2	HCZ-3	HCZ-4
取土深度/m	爆破前	$-9 \sim -11$	$-9 \sim -11$	$-9 \sim -11$	$-9 \sim -11$
	爆破后	$-11 \sim -13$	$-11 \sim -13$	$-11 \sim -13$	$-11 \sim -13$
先期固结压力/kPa	爆破前	175	170	168	172
	爆破后	198	196	190	192
相对值/kPa		23	26	22	20
覆盖土压力/kPa		836	836	836	836
固结状态	爆破前	欠固结	欠固结	欠固结	欠固结
	爆破后	欠固结	欠固结	欠固结	欠固结

综上分析可知，先期固结压力值远小于上覆盖土的压力，大桥基底的黏土为欠固结黏土，基底黏土在外在荷载作用下引起的沉降不容忽视；此外爆破荷载作

用后大桥基底黏土的先期固结压力有所增大，表明爆破荷载作用产生的压力大于最大历史应力，对黏土具有压缩作用。进行回弹试验时只需在200kPa时即可进行回弹，对回弹系数进行测定。

3.2.3　爆破荷载作用对黏土压缩回弹性能的影响

试验结束后，按式（3-7）计算试样的初始孔隙比 e_0，按式（3-8）计算各级压力下固结稳定后的孔隙比 e_i，根据计算结果绘制爆破荷载作用前后的 $e\text{-lg}p$ 关系曲线对比图，即压缩回弹曲线对比图，如图 3-25 ~ 图 3-28 所示。按式（3-9）计算某一压力范围内的压缩系数 a_v，按式（3-10）计算压缩模量 E_s，压缩系数仅比较压力为 100~200kPa 时的结果。

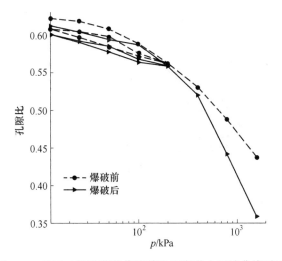

图 3-25　HCZ-1 爆破荷载作用前后基底黏土压缩曲线对比

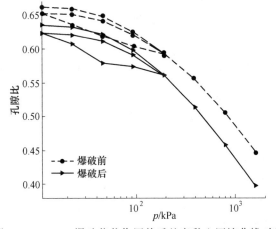

图 3-26　HCZ-2 爆破荷载作用前后基底黏土压缩曲线对比

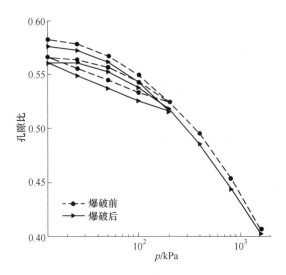

图 3-27　HCZ-3 爆破荷载作用前后基底黏土压缩曲线对比

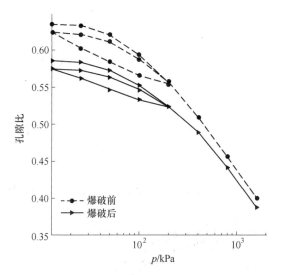

图 3-28　HCZ-4 爆破荷载作用前后基底黏土压缩曲线对比

初始孔隙比 e_0 计算公式：

$$e_0 = \frac{\rho_w G_s (1 + 0.01 w_0)}{\rho_0} - 1 \qquad (3\text{-}7)$$

式中　G_s——土粒比重；

ρ_w——水的密度，g/cm^3；

ρ_0——试样的初始密度，g/cm^3；

w_0——试样的初始含水率，%。

各级压力下固结稳定后的孔隙比 e_i 计算公式:

$$e_i = e_0 - (1 + e_0) \frac{\Delta h_i}{h_0} \tag{3-8}$$

式中　e_i ——某级压力下的孔隙比;

　　　Δh_i ——某级压力下试样高度变化,cm;

　　　h_0 ——试验初始高度,cm。

某一压力范围内的压缩系数 a_v 计算公式:

$$a_v = \frac{e_i - e_{i+1}}{p_{i+1} - p_i} \tag{3-9}$$

式中　p_i ——某一压力值,kPa。

压缩模量 E_s 计算公式:

$$E_s = \frac{1 + e_0}{a_v} \tag{3-10}$$

图 3-25~图 3-28 所示为爆破荷载作用前后基底黏土的压缩曲线对比,可以看出当固结压力达到 200kPa 时,即超过先期固结压力时,压缩曲线呈直线,孔隙比减小速率较快;在压缩曲线初始阶段,基底黏土孔隙比增大,表明基底黏土遇水膨胀;爆破荷载作用后基底黏土的压缩曲线低于爆破荷载作用前的压缩曲线,表明爆破荷载作用后孔隙比减小,爆破荷载作用对基底黏土具有压缩作用。

根据式(3-7)~(3-10)计算爆破荷载前后黏土的初始孔隙比、压缩模量、压缩系数、压缩指数以及回弹指数,计算结果见表 3-10、表 3-11。

表 3-10　爆破荷载作用前后基底持力层黏土压缩特性试验结果

序　号		1	2	3	4	5
土样编号		HCZ-1	HCZ-2	HCZ-3	HCZ-4	均值
取土深度/m	爆破前	-9~-11	-9~-11	-9~-11	-9~-11	均值
	爆破后	-11~-13	-11~-13	-11~-13	-11~-13	
初始孔隙比 e_0	爆破前	0.584	0.596	0.568	0.595	0.586
	爆破后	0.581	0.585	0.564	0.560	0.573
相对变化/%		-0.5	-1.8	-0.7	5.9	-2.2
压缩模量 E_s/MPa	爆破前	5.61	4.30	5.86	4.56	4.99
	爆破后	6.11	4.78	6.40	5.28	5.56
相对变化/%		9.9	11.1	9.2	15.8	11.4
压缩系数 a_v/MPa^{-1}	爆破前	0.282	0.369	0.267	0.342	0.315
	爆破后	0.259	0.334	0.245	0.302	0.285
相对变化/%		-8.2	-9.5	-8.2	-11.7	-9.5

表 3-11　爆破荷载作用前后基底持力层黏土回弹特性试验结果

序　　号		1	2	3	4	5
土样编号		HCZ-1	HCZ-2	HCZ-3	HCZ-4	均值
取土深度/m	爆破前	−9~−11	−9~−11	−9~−11	−9~−11	
	爆破后	−11~−13	−11~−13	−11~−13	−11~−13	
初始孔隙比 e_0	爆破前	0.584	0.596	0.568	0.595	0.586
	爆破后	0.581	0.585	0.564	0.560	0.573
固结后孔隙比 e	爆破前	0.562	0.525	0.590	0.554	0.558
	爆破后	0.558	0.516	0.560	0.525	0.540
回弹后孔隙比 e	爆破前	0.608	0.565	0.652	0.625	0.613
	爆破后	0.601	0.560	0.623	0.575	0.590
回弹指数 C_s	爆破前	0.038	0.034	0.051	0.059	0.046
	爆破后	0.036	0.032	0.048	0.046	0.040
压缩指数 C_c	爆破前	0.138	0.131	0.161	0.172	0.151
	爆破后	0.135	0.127	0.158	0.152	0.143

　　由表 3-10 可以看出爆破荷载前后大桥基底黏土压缩系数、压缩模量、孔隙比等的变化值。结果表明爆破荷载后大桥基底黏土的初始孔隙比减小，平均减小 2.2%，压缩模量增大了 11.4%，压缩系数减小了 9.5%，表明爆破荷载后基底黏土的可压缩性变低，爆破荷载对黏土具有压密作用，致使初始孔隙比减小。

　　由表 3-11 可以看出固结压力达到 200kPa 时的孔隙比以及回弹至 12.5kPa 时的孔隙比的变化值，爆破荷载前后黏土的孔隙比回弹量分别为 0.055、0.050，爆破荷载后黏土的回弹量减小，回弹指数与压缩指数均减小，表明爆破荷载对黏土具有压缩作用，致使黏土结构发生一定改变，黏土变得更加密实，对地基的承载力有增强作用。

3.2.4　爆破荷载作用对黏土固结性能的影响

　　固结系数是反应土体固结快慢的一个特征参数，表现孔隙水排出的速度以及空隙的压缩程度、反应土体的沉降速度，固结系数越大沉降越快，固结时间越短。

　　固结系数采用时间平方根方法进行求解（图 3-29），对比爆破荷载作用前后 200kPa 压力下的固结系数的影响，具体步骤如下：

　　在 200kPa 压力时，绘制量表度数-时间关系曲线，延长曲线开始段的直线交

纵坐标于 d_s。过 d_s 绘制另一曲线使该曲线的横坐标为前直线的 1.15 倍，该直线与曲线交点的时间即固结度达到 90% 的时间，按式（3-11）计算固结系数，计算结果见表 3-12。

$$C_v = \frac{0.848h^2}{t_{90}} \qquad (3-11)$$

式中　h——最大排水距离，等于某一压力下试样最初与最终高度的平均值的一半，cm；

　　　t_{90}——固结度到达 90% 所需要的时间，s。

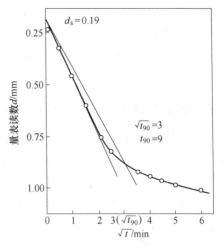

图 3-29　时间平方根法求 t_{90}

表 3-12　爆破荷载作用前后黏土固结系数试验结果

序　号		1	2	3	4	5
土样编号		HCZ-1	HCZ-2	HCZ-3	HCZ-4	均值
取土深度/m	爆破前	$-9 \sim -11$	$-9 \sim -11$	$-9 \sim -11$	$-9 \sim -11$	
	爆破后	$-11 \sim -13$	$-11 \sim -13$	$-11 \sim -13$	$-11 \sim -13$	
$C_{v1\text{-}2}/10^{-4}\,\mathrm{cm}^2 \cdot \mathrm{s}^{-1}$	爆破前	12.4	7.13	16.8	7.8	11.03
	爆破后	2.03	2.32	12.4	6.6	5.83
变化值/$10^{-4}\,\mathrm{cm}^2 \cdot \mathrm{s}^{-1}$		-10.37	-4.81	-4.4	-1.2	-5.20

由表 3-12 可以看出爆破荷载作用后基底黏土固结系数的变化情况。结果表明爆破荷载作用后黏土的固结系数减小，爆破荷载作用对基底黏土的固结作用较为显著，且时间较短，有利于土体固结。

3.2.5　小结

本节通过对爆破荷载作用前后基底黏土进行固结压缩试验对比分析，对基底黏土的固结压缩性质有了深刻的认识，爆破荷载作用对基底黏土的压缩固结作用影响较显著，具体结论如下：

（1）大桥基底土质为低孔隙率、低压缩性、压缩模量大、固结时间长、遇水易膨胀的弹塑性黏土，是较好的天然地基。

（2）爆破荷载作用对大桥基底黏土具有压缩密实作用，爆破荷载作用下基底黏土初始孔隙比略有减小，减小幅度为 2.2%，对基底黏土的压缩系数和压缩模量影响显著，压缩模量增大 11.4%，压缩系数减小 9.5%；爆破荷载作用改变了基底黏土结构，压缩指数、回弹指数均减小，具有更好的承载能力和稳定性。

　　（3）爆破荷载作用有利于大桥基底黏土的固结，爆破荷载作用后固结系数减小 5.3%，提高了基底黏土的固结程度，有利于地基的自我稳定，增强了基底持力层黏土的稳定性。

3.3　爆破荷载对基底黏土抗剪强度性质影响研究

　　土的抗剪强度一直是岩土工程界研究的重点，岩土工程实践证明，土体的破坏大都是剪切破坏，因为与土颗粒自身压碎破坏相比，土体更容易产生相对滑移的剪切破坏。土的强度通常是指土体抵抗剪切破坏的能力，土的抗剪强度是决定建筑物地基和工程结构稳定的关键因素。为了明确爆破荷载作用后大桥基底黏土的承载能力情况，本节采用固结慢剪和常规三轴试验研究爆破荷载作用对基底黏七抗剪强度参数的影响。

3.3.1　抗剪强度的直剪试验研究

3.3.1.1　试验方案

　　此次试验目的是研究爆破荷载作用后大桥基底黏土抗剪强度的变化，对爆破荷载作用前后的黏土进行固结慢剪试验，对 4 个钻孔爆破荷载作用前后的黏土土样分别取 4 个环刀样（环刀尺寸高 20mm，直径 61.8mm，体积 60cm³），共 32个。将切好的土样放入四联直剪仪上进行剪切试验，并对每个环刀样进行称重，测天然密度、含水率以及孔隙比。

3.3.1.2　试验方法与过程

　　直剪试验分为快剪、固结快剪和固结慢减，由于大桥沉井基底持力层黏土为坚硬近饱和细粒黏土，因此采用固结慢减试验。为减小试验误差，所有试验均在一台四联直剪仪上完成，所用仪器为南京泰克奥科技有限公司的四联直剪仪，如图 3-30 所示。制样及装样过程依据《土工试验规程 SL 239—1999》，对安装好的土样固结 1h，然后进行剪切，剪切速率为 0.25mm/min，剪切长度6mm。HCZ-1和 HCZ-2 孔中黏土分别在 100kPa、200kPa、400kPa、600kPa 的法向力下进行剪切，HCZ-3 和 HCZ-4 孔中黏土分别在 100kPa、200kPa、300kPa、400kPa 的法向力下进行剪切。

　　抗剪强度运用黏土的抗剪强度表达式进行计算：

$$\tau = \sigma \tan\varphi + c \tag{3-12}$$

式中　τ——土的抗剪强度，kPa；

　　　　σ——剪切面的法向压力，kPa；

φ——土的内摩擦，（°）；

根据 τ-P 曲线求得土的抗剪强度指标求得内聚力 c 和内摩擦角 φ 的大小。

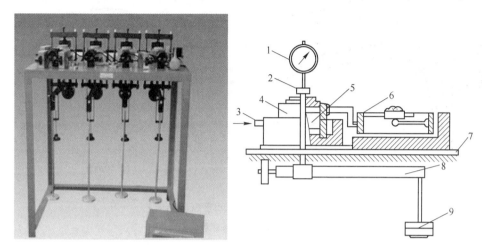

图 3-30 应变控制式四联直剪仪示意图

1—垂直变形百分表；2—垂直加压框架；3—推动座；4—剪切盒；

5—试样；6—测力计；7—台板；8—杠杆；9—砝码

3.3.2 黏土直剪试验结果及分析

通过固结慢剪试验得到的爆破荷载前后大桥基底黏土在竖向压力下的水平剪应力 τ 与剪切位移 Δl 关系曲线如图 3-31～图 3-34 所示。从图中可以看出，爆破荷载作用前后黏土剪切位移在 0～1mm 阶段，剪应力随剪切位移的增大而不断增

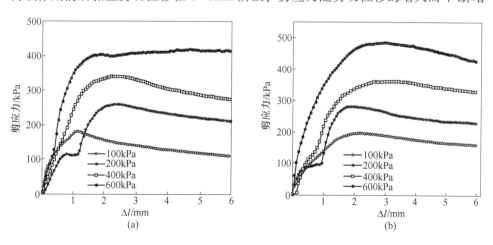

图 3-31 HCZ-1 的固结直剪试验结果

（a）爆破荷载作用前；（b）爆破荷载作用后

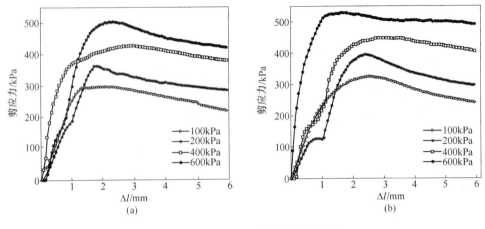

图 3-32　HCZ-2 的固结直剪试验结果

（a）爆破荷载作用前；（b）爆破荷载作用后

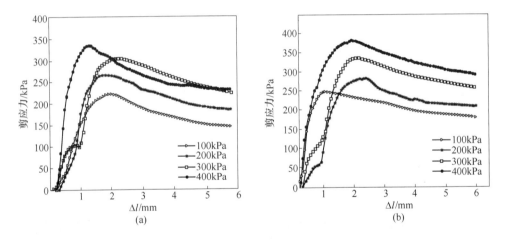

图 3-33　HCZ-3 的固结直剪试验结果

（a）爆破荷载作用前；（b）爆破荷载作用后

大，黏土剪切刚度随竖向应力增大而增大，此阶段中部分土样曲线出现拐点，是由于土样中含有微量沙粒所致；在剪切位移 1~2mm 阶段，剪切刚度逐渐减小；在剪切位移达到 2mm 时，爆破荷载前后的黏土剪应力基本达到峰值，在应力较小时，土样出现较为明显的应变软化现象，但爆破荷载作用前的黏土应变软化现象更为明显；在竖向应力较大时，部分土样出现明显的应变硬化现象，竖向压力越大，黏土抗剪强度越大。

固结慢剪试验得到的爆破荷载前后大桥基底黏土在不同竖向压力下的水平剪应力 τ 与剪切位移 Δl 关系曲线对比如图 3-35~图 3-38 所示。由图可得爆破荷载作

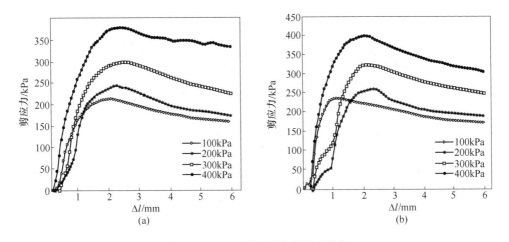

图 3-34 HCZ-4 的固结直剪试验结果

（a）爆破荷载作用前；（b）爆破荷载作用后

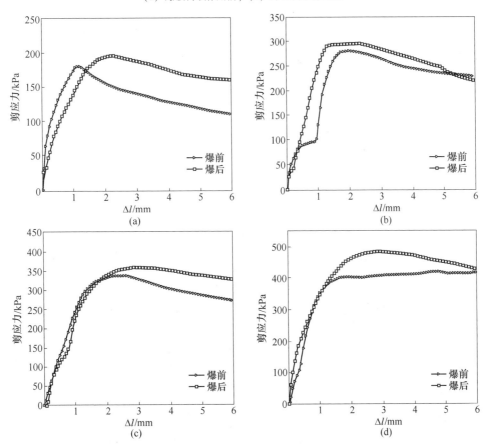

图 3-35 HCZ-1 爆破荷载前后不同竖向压力下剪切位移与剪应力关系对比

（a）100kPa；（b）200kPa；（c）400kPa；（d）600kPa

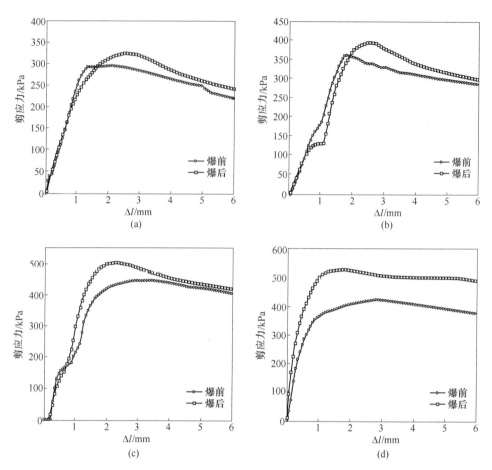

图 3-36　HCZ-2 爆破荷载前后不同竖向压力下剪切位移与剪应力关系对比

（a）100kPa；（b）200kPa；（c）400kPa；（d）600kPa

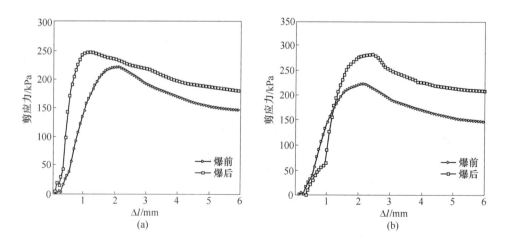

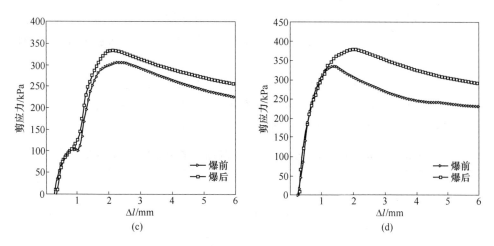

图 3-37 HCZ-3 爆破荷载前后不同竖向压力下剪切位移与剪应力关系对比

（a）100kPa；（b）200kPa；（c）300kPa；（d）400kPa

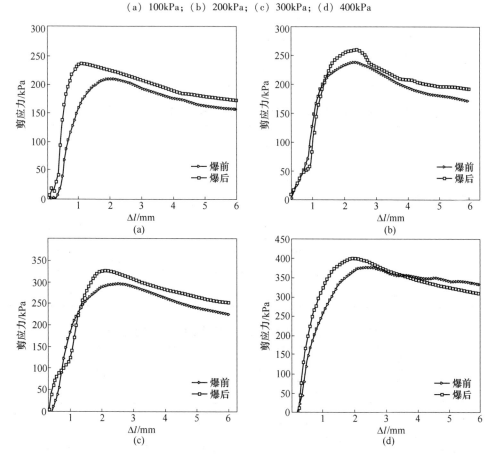

图 3-38 HCZ-4 爆破荷载前后不同竖向压力下剪切位移与剪应力关系对比

（a）100kPa；（b）200kPa；（c）300kPa；（d）400kPa

用后黏土在相同竖向压力下，黏土的最大抗剪强度均大于爆破前，竖向压力越大，增强越明显，表明爆破荷载作用对大桥基底持力层黏土的抗剪强度具有增强作用。

根据《土工试验方法标准》（GB/T 50123—1999），在应力-应变关系曲线图中，某一竖向压力下的最大剪应力为该竖向压力下的最大抗剪强度，故分别得到各孔中不同竖向压力下的最大抗剪强度，见表 3-13 ~ 表 3-16。

表 3-13　HCZ-1 不同法向应力下爆破前后基底持力层黏土抗剪强度值

序　　号		1	2	3	4
法向力/kPa		100	200	300	400
取土深度/m	爆破前	−9 ~ −11	−9 ~ −11	−9 ~ −11	−9 ~ −11
	爆破后	−11 ~ −13	−11 ~ −13	−11 ~ −13	−11 ~ −13
抗剪强度 S/kPa	爆破前	180.794	258.921	341.018	419.797
	爆破后	196.526	281.415	361.494	484.764
相对值		15.732	22.494	20.476	64.967
变化率/%		8.7	8.7	6.0	15.4

表 3-14　HCZ-2 不同法向应力下爆破前后基底持力层黏土抗剪强度值

序　　号		1	2	3	4
法向力/kPa		100	200	300	400
取土深度/m	爆破前	−9 ~ −11	−9 ~ −11	−9 ~ −11	−9 ~ −11
	爆破后	−11 ~ −13	−11 ~ −13	−11 ~ −13	−11 ~ −13
抗剪强度 S/kPa	爆破前	295.927	363.096	424.717	504.727
	爆破后	320.052	394.861	449.220	531.080
相对值		24.125	31.765	24.503	26.353
变化率/%		8.1	8.7	5.7	5.2

表 3-15　HCZ-3 不同法向应力下爆破前后基底持力层黏土抗剪强度值

序　　号		1	2	3	4
法向力/kPa		100	200	300	400
取土深度/m	爆破前	−9 ~ −11	−9 ~ −11	−9 ~ −11	−9 ~ −11
	爆破后	−11 ~ −13	−11 ~ −13	−11 ~ −13	−11 ~ −13
抗剪强度 S/kPa	爆破前	222.950	268.191	306.380	341.919
	爆破后	240.717	282.339	335.017	364.860

续表 3-15

序 号	1	2	3	4
相对值	17.767	14.148	28.637	23.941
变化率/%	7.9	5.3	9.3	7.0

表 3-16　HCZ-4 不同法向应力下爆破前后基底持力层黏土抗剪强度值

序　　号		1	2	3	4
法向力/kPa		100	200	300	400
取土深度/m	爆破前	−9~−11	−9~−11	−9~−11	−9~−11
	爆破后	−11~−13	−11~−13	−11~−13	−11~−13
抗剪强度 S/kPa	爆破前	215.803	241.372	294.125	352.715
	爆破后	231.836	261.163	326.123	399.852
相对值		16.033	19.791	31.998	47.137
变化率/%		7.4	8.2	10.8	13.3

由表 3-13~表 3-16 可以看出不同钻孔在爆破荷载作用前后不同法向应力时的最大抗剪强度值，根据表中的数据绘制每个钻孔爆破前后的 S-p 曲线，直线的倾角为黏土的内摩擦角，直线在纵坐标轴上的截距为土的黏聚力，如图 3-39~图 3-42 所示。

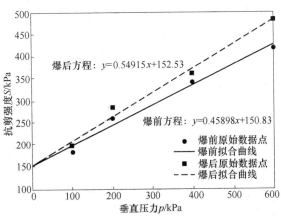

图 3-39　HCZ-1 抗剪强度与垂直压力的关系曲线对比

由图 3-39 可知钻孔 HCZ-1 中爆破荷载前后基底黏土凝聚力变化不大，爆破荷载后黏土的内摩擦角有所提升；钻孔 HCZ-2~HCZ-4 中爆破荷载作用前后黏土的内摩擦角变化较小，凝聚力提升明显，爆破荷载后黏土的抗剪强度包线均表现出上移的现象，爆破荷载对黏土的抗剪强度有提升作用，见表 3-17 与表 3-18。

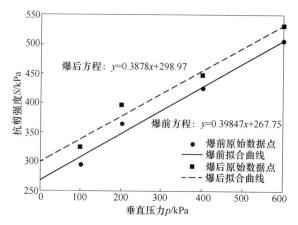

图 3-40   HCZ-2 抗剪强度与垂直压力的关系曲线对比

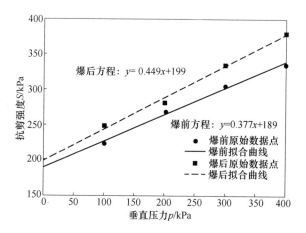

图 3-41   HCZ-3 抗剪强度与垂直压力的关系曲线对比

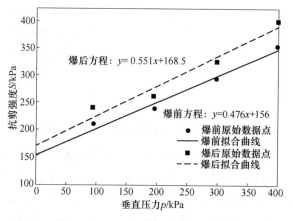

图 3-42   HCZ-4 抗剪强度与垂直压力的关系曲线对比

表 3-17　各个钻孔爆破荷载作用前后基底黏土内摩擦角数值对比

序　　号		1	2	3	4
土样编号		HCZ-1	HCZ-2	HCZ-3	HCZ-4
取土深度/m	爆破前	−9～−11	−9～−11	−9～−11	−9～−11
	爆破后	−11～−13	−11～−13	−11～−13	−11～−13
内摩擦角/(°)	爆破前	24.5	21.8	20.3	25.5
	爆破后	28.7	21.1	24.1	28.9
相对值/(°)		3.8	−0.7	3.8	3.4
变化率/%		15.5	−3.2	18.7	13.3

表 3-18　各个钻孔爆破荷载作用前后基底黏土凝聚力数值对比

序　　号		1	2	3	4
土样编号		HCZ-1	HCZ-2	HCZ-3	HCZ-4
取土深度 /m	爆破前	−9～−11	−9～−11	−9～−11	−9～−11
	爆破后	−11～−13	−11～−13	−11～−13	−11～−13
凝聚力 /kPa	爆破前	150.83	267.75	189.0	156.0
	爆破后	152.53	298.97	199.0	168.5
相对值/kPa		1.70	32.22	10.0	12.5
变化率/%		1.1	12.0	5.3	8.0

从表 3-17 和表 3-18 可以看出，爆破荷载作用后大桥基底黏土抗剪强度参数中内摩擦角和凝聚力均有不同程度的增加。爆破荷载作用后孔 HCZ-1 中黏土内摩擦角增大了 15%，凝聚力没有明显的提升；爆破荷载作用后孔 HCZ-2 中黏土内摩擦角有轻微减小，减小了 3.3%，而凝聚力明显提高，提高了 12%；爆破荷载作用后孔 HCZ-3 中内摩擦角和凝聚力都有所提升，分别增加了 18.7%、5.3%；爆破荷载作用后孔 HCZ-4 中内摩擦角和凝聚力增加明显，分别增加了 13.3%、8.0%。4 个钻孔中内摩擦角平均提高了 11.05%，凝聚力平均提高了 6.6%。通过以上试验表明爆破荷载提高了大桥基底持力层黏土的抗剪强度，增加了基底黏土的承载力，有利于地基的稳定和承载。

3.3.3　抗剪强度的三轴试验研究

土体是碎散颗粒的集合体，土体强度由土粒间的相互作用决定，与土粒本身的强度无关，强度主要表现为黏聚力和摩擦力。1930 年，在研究应力边界条件的圆柱形试样时美国哈佛大学用压缩试验代替了直剪试验。三轴压缩试验是室内测定土体抗剪强度的一种主要方法，与直剪试验相比，三轴压缩试验方法比较完善。不仅具有可以控制土样的排水条件、受力状态、主应力及围压等优点，而且还可以准确测量土体的体积变化和孔隙水压力，同时在试验过程中不受剪切面的限制。三轴压缩试验是以摩尔-库仑强度理论为依据设计的三轴向加压的剪力试验，是试样在某一固定周围压力下，逐渐增大轴向压力，直至试样破坏的一种抗剪强度试验。

3.3.3.1　试验方案

本节研究爆破荷载作用对大桥基底黏土抗剪强度性能的影响。由于沉井基底持力层黏土一直处于长江河床下面，为近饱和状态，且施工周期长，故采用固结不排水剪切试验。选取爆破荷载作用前后具有代表性的土样 HCZ-1 和 HCZ-3 进行试验，对爆破荷载前后 2 个钻孔的土样分别取 4 个试样（试验高 125mm，直径 61.8mm），共 16 个。在全自动三轴仪上进行剪切试验，并对每个试验进行含水率、孔隙比测试。

3.3.3.2　试验方法与过程

本试验采用固结不排水剪切试验，对同一种土样制备 4 个性质相同的试样，分别在 100kPa、200kPa、300kPa、400kPa 的围压下进行剪切试验。所有试验均在同一仪器上完成，所选用的仪器为南京泰克奥科技有限公司的全自动应力三轴仪，如图 3-43 所示。为无级调速，液晶显示，电脑自动采集数据。

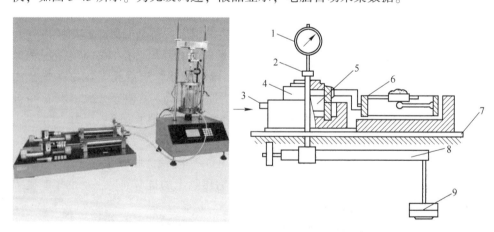

图 3-43　全自动应力三轴仪示意图

1—垂直变形百分表；2—垂直加压框架；3—推动座；4—剪切盒；5—试样；
6—测力计；7—台板；8—杠杆；9—砝码

试验过程：制样及装样过程依据《土工试验规程 SL 239—1999》，制作爆破荷载作用前后 2 个钻孔共 4 组试样，每组试样制备相同试样 4 个，土样直径 61.8mm，高 125mm，体积 374.76cm³，共 16 个试样，土样用削土刀在土样器上制得，如图 3-44、图 3-45 所示。在切取土样过程中，对每个试样进行含水率、孔隙比、天然密度的测定。将制备好的土样用小塑料袋包好，用胶带封好，放置在底部装有水的玻璃器皿中保存，防止其含水率在之后的试验过程中发生改变。试样安装完成后抽真空饱和 1h，然后施加围压，待围压稳定后进行固结排水，固结时间为 5h，然后加轴向应力至土样破坏变形达到 15%~20%。试样在施加周围压力和随后施加偏应力直至剪坏的整个试验过程中都不排水，在整个剪切破坏过程中土中的含水量始终保持不变，测得爆破前后土样的剪切强度参数。

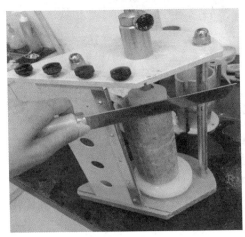

图 3-44　制作土样

图 3-45　制得的土样试样

　　试验过程中描述试样的颜色、粒度、试样破坏形态，采集试样破坏照片，作图计算每个试样的抗剪强度参数。以偏应力 q 为纵坐标，轴向应变 ε 为横坐标，绘制主应力差与轴向应变关系曲线。取曲线上主应力差的峰值作为破坏点，无峰值时，取 15% 轴向应变时的主应力差值作为破坏点。以有效剪应力为纵坐标，有效法向应力为横坐标，在横坐标轴上以 $\dfrac{\sigma_1 + \sigma_3}{2}$ 为圆心，$\dfrac{\sigma_1 - \sigma_3}{2}$ 为半径，运用 matlab 软件绘制 $\tau\text{-}\varepsilon$ 应力平面上的破损应力圆，并绘制不同周围压力下破损应力圆的剪切强度包线，求出剪切强度指标参数 c、φ 值。

3.3.4　三轴试验结果分析

　　钻孔 HCZ-1 中爆破荷载前的黏土土质均，爆破荷载后含有微量细沙，土质均呈棕黄色，局部猩红色。钻孔 HCZ-3 爆破荷载前后与 HCZ-1 爆破荷载前的黏土在剪切破坏时均有明显的剪切面，并与最大主应力呈 $(45°+\varphi/2)$ 的关系，剪切破坏时剪切带滑面出口通常可以延伸到底部透水石出，这种破坏形式与黏土的结构特性有关，HCZ-1 爆破荷载作用后的黏土呈鼓状破坏，出现一定的径向变形，由于黏土中含微量细沙所致，如图 3-46 所示。

图 3-46　黏土的剪切破坏形态

图 3-47 与图 3-48 所示为爆破荷载前后大桥基底黏土在不同围压下的应力应变曲线对比。由图可知应力应变曲线均近似为双曲线型，围压较小时，小于黏土的屈服面时为应变软化型，具有明显的破坏峰值，如图 3-47 与图 3-48 中围压为 100kPa 和 200kPa 时。当围压较大时呈现应变硬化型，没有明显的破坏峰值，逐渐趋于稳定，如图 3-47 与图 3-48 中围压为 300kPa 和 400kPa 时。爆破荷载作用后黏土的破坏应力值均有所增加，且残余状态下的应力值也有明显的提高，爆破荷载作用提高了黏土的抗剪能力。

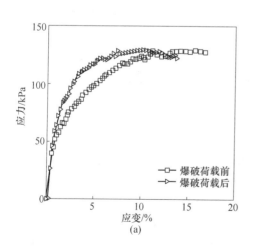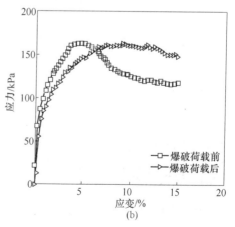

(a)　　　　　　　　　　　　(b)

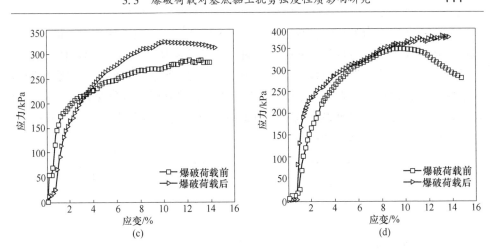

图 3-47 HCZ-1 黏土在爆破荷载作用前后不同围压下的应力应变曲线对比

(a) 100kPa; (b) 200kPa; (c) 300kPa; (d) 400kPa

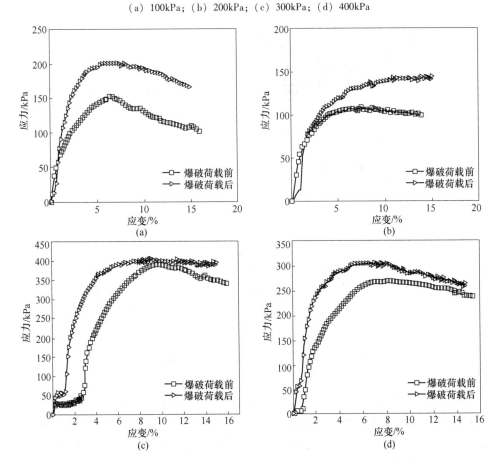

图 3-48 HCZ-3 黏土在爆破荷载作用前后不同围压下的应力应变曲线对比

(a) 100kPa; (b) 200kPa; (c) 300kPa; (d) 400kPa

以有效剪应力为纵坐标，有效法向应力为横坐标，在横坐标轴上以破坏点为圆心，运用 matlab 软件绘制 τ-ε 应力平面上的破损应力圆，并绘制不同周围压力下破损应力圆的剪切强度包线，如图 3-49 与图 3-50 所示。图中抗剪强度包线与各个摩尔圆相切良好，表明各个围压下试验结果的离散性小、结果可靠。爆破荷载作用后黏土的内摩擦角略有减小，但爆破荷载作用后黏土的凝聚力显著提高，具体数值见表 3-19 与表 3-20。

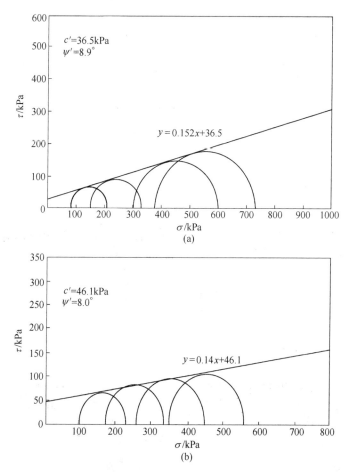

图 3-49　HCZ-1 黏土爆破荷载作用前后抗剪强度包线
（a）爆破荷载作用前；（b）爆破荷载作用后

从表 3-19 和表 3-20 可以看出，爆破荷载作用后大桥基底黏土抗剪强度参数中内摩擦角略有减小，凝聚力明显增加。爆破荷载作用后孔 HCZ-1 中黏土的内摩擦角减小了 11.2%，凝聚力增加了 26.3%；爆破荷载作用后孔 HCZ-3 中黏土的内摩擦角减小了 5.0%，凝聚力增加了 32.2%；内摩擦角平均减小了 8.3%，凝聚力平均提高了 29.2%。爆破荷载作用致使大桥基底黏土的内摩擦角减小，提升了黏土的凝聚力。将表 3-17 与表 3-18 中数据绘制爆破荷载作用前后的抗剪强度包线对比图，如图 3-51 与图 3-52 所示。

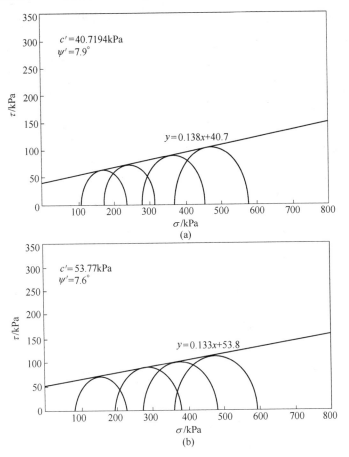

图 3-50　HCZ-3 黏土爆破荷载作用前后抗剪强度包线

（a）爆破荷载作用前；（b）爆破荷载作用后

表 3-19　爆破荷载作用前后基底黏土凝聚力数值对比

序　号		1	2	3
土样编号		HCZ-1	HCZ-3	均值
取土深度/m	爆破前	−9~−11	−9~−11	
	爆破后	−11~−13	−11~−13	
凝聚力/kPa	爆破前	36.5	40.7	38.6
	爆破后	46.1	53.8	49.9
相对值/kPa		9.6	13.1	11.3
变化率/%		26.3	32.2	29.2

表 3-20　爆破荷载作用前后基底黏土内摩擦角数值对比

序　号		1	2	3
土样编号		HCZ-1	HCZ-3	均值
取土深度/m	爆破前	$-9\sim-11$	$-9\sim-11$	
	爆破后	$-11\sim-13$	$-11\sim-13$	
内摩擦角/(°)	爆破前	8.9	8.0	8.45
	爆破后	7.9	7.6	7.75
相对值/(°)		-1.0	-0.4	-0.7
变化率/%		-11.2	-5.0	-8.3

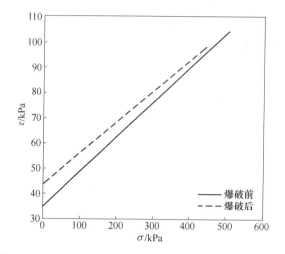

图 3-51　HCZ-1 黏土爆破荷载作用前后抗剪强度包线对比

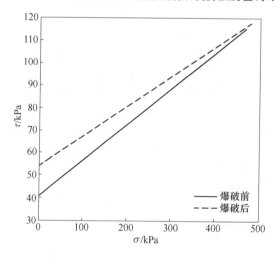

图 3-52　HCZ-3 黏土爆破荷载作用前后抗剪强度包线对比

爆破荷载作用后在 600kPa 的围压内黏土抗剪强度包线均向上平移，爆破荷载作用增大了基底黏土的抗剪强度，提高了大桥基底黏土的承载能力。

3.3.5 小结

通过对爆破荷载作用前后大桥基底持力层黏土进行抗剪强度试验，介绍了试验过程，对试验结果进行对比分析，评价了爆破荷载作用对大桥基底黏土抗剪强度的影响程度，具体结论如下：

（1）对爆破荷载作用前后大桥基底持力层黏土进行了三轴剪切试验，介绍了试验过程和试验成果，对试验结果画图进行对比分析，分析了抗剪强度指标的发展趋势曲线。爆破荷载后黏土的 q-ε 曲线变得平滑，围压大于 200kPa 时没有明显的峰值，偏应力达到最大时的应变变小。残余应力变强；爆破荷载作用后凝聚力增大了 29.2%，内摩擦角减小 8.3%。

（2）对爆破前后大桥基底持力层黏土进行了直剪试验，对黏土在竖向压力下的最大抗剪强度进行分析，水下爆破荷载作用对黏土的最大抗剪强度提升了10%；同时还对黏土的内摩擦角以及凝聚力的变化进行了分析，水下爆破荷载后，内摩擦角增大较为明显，增大了 11.05%，凝聚力增大了 6.6%，均有不同程度的增加。

（3）通过固结直剪试验和三轴剪切试验，爆破荷载作用后黏土的抗剪强度包线均不同程度地向上平移，黏土的抗剪强度增强，爆破荷载作用增加了大桥基底持力层黏土的抗剪能力，提升了基底黏土的承载能力。

3.4 结论

通过对爆破荷载作用前后黏土进行基础土工试验、压缩固结试验、三轴试验、直接剪切试验的对比分析得出以下研究结论：

（1）通过土工试验分析，大桥基底黏土是以黏性细粒土为主，含少量矿物，具有低压塑性、液塑性大、低孔隙率、承载能力强、遇水易膨胀、不易液化的坚硬黏土。

（2）爆破荷载作用增加了大桥基底持力层黏土的抗剪强度。三轴试验中爆破荷载作用后基底黏土凝聚力增大了 29.2%，内摩擦角减小了 8.3%；固结直剪试验中爆破荷载作用后基底黏土凝聚力增大 6.6%，内摩擦角增大了 11.05%；剪切试验中爆破荷载作用后基底黏土的抗剪强度包线较爆破荷载前均有不同程度的上移，爆破荷载作用增强了基底黏土的抗剪能力，有利于沉井施工。

（3）爆破荷载作用对大桥基底黏土具有压实作用。固结压缩试验中爆破荷载作用后黏土的初始孔隙比减小 2.2%，黏土中孔隙水减少；压缩模量增大11.2%，压缩系数减小 9.5%，固结系数减小 5.3%；爆破荷载作用后提高了基底黏土抗压缩能力，缩短了基底黏土的固结时间，提高了黏土的固结程度，使得基底黏土更加密实，提高了地基的稳定性和承载能力。

（4）通过物理属性土工试验对比分析，爆破荷载作用后天然密度值由 $2.04g/cm^3$ 增加到 $2.08g/cm^3$，增加了 2.0%；含水率由 19.65% 减小到 18.25%，减小了 7.7%，土粒比重由 2.70 增加到 2.75，增加了 1.9%。爆破荷载作用对基底黏土具有夯实作用。

4　爆破振动响应对沉井的影响

4.1　监测目的

　　杨泗港长江大桥因为地质条件的特殊性，施工时需要爆破辅助开挖。爆破的瞬间冲击能量会带来一系列爆破危害，如水冲击波、爆破振动、爆破飞石、爆破噪声、爆破有毒有害气体等。其中爆破振动具有隐蔽性、复杂性、普遍性等特点，对临近的保护体会产生损伤破坏，施工过程中应加以重视。为保证沉井在爆破施工中的安全，在沉井的关键部位设立爆破振动监测点，对爆破的振动效应进行监测和分析。一方面实时监测沉井的振动速度，确保沉井的安全；另一方面根据监测的数据，及时优化和改进爆破参数，保证施工的顺利进行。

4.2　监测方案

　　沉井监测方案共设计了 3 个预埋监测点和 2~4 个不等的流动监测点，运用自下而上的排列方式进行布点，通过一系列的测量总结出基于杨泗港 1 号墩工况下的爆破振动规律。对于重点关心的部位，例如沉井刃脚和沉井隔仓，单独布点监测，及时反馈沉井振动情况，从而改进爆破方案、指导施工。

4.2.1　测点布局

　　采用预埋和流动测量的方式进行布局。预埋测量就是在沉井浇筑混凝土前安装传感器，在工作平台上预留测振仪接口，预埋形式传感器受外界影响小，所测数据更为可靠，但传感器不可回收、成本较高。流动测量就是在爆破时，根据每次爆破重点部位进行定点监测，从而弥补预埋形式不灵活的缺点；但流动监测传感器安装在沉井表面，容易受到外界因素的影响，造成监测数据的失效。1 号、4 号、5 号测点采用预埋形式粘贴在钢结构上，其中 1 号位于临江侧距刃脚底部上方 6m 的钢结构上，4 号位于距沉井中央隔仓下方刃脚 6m 处，5 号位于沉井近岸处沉井刃脚上方 15m 处。由于施工工艺方面沟通不及时的原因，4 号和 5 号测点的连接线未及时引出至沉井的工作平台，造成 4 号和 5 号测点失效。为了达到监测目的，又在混凝土平台上增加了 2 号和 3 号测点，这样既可以监测到沉井刃脚上方 15m 处的振动情况，又可以灵活布置测点，重点监测关心的部位。2 号和 3 号点采用流动测量的形式粘贴在位于自上至下的第三层混凝土平台上，距刃脚底部 15m。测点的安装位置如图 4-1 所示。

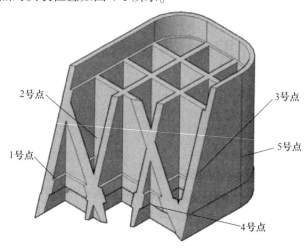

图 4-1　监测点分布

4.2.2　仪器介绍与安装

采用交博出品的 L20 型爆破测振仪对沉井水下土层爆破进行监测。测振仪量程为 35cm/s，在 5~500Hz 间具有良好的线性响应。L20 型爆破测振仪如图 4-2 所示，所有传感器均采用防水结构胶黏剂黏结，黏结牢靠，所测数据较为可靠。测点 Y 轴对向沉井中心，X 轴与沉井近岸侧平行布置。爆破监测点安装如图 4-3 所示。

图 4-2　L20 型爆破测振仪

图 4-3　爆破监测点安装图

4.3 监测数据

爆破地震波的传播过程是能量通过介质质点的扰动向爆源四周扩散传递的过程。爆破地震波从爆源传播到监测点的过程中，随着传播距离的增大，由于波阵面不断扩大和介质的内阻尼吸收作用，使爆破地震波的能量和振动幅值不断衰减。考虑到振动随距离的衰减，尽量选取靠近监测点爆破时进行监测。如距离监测点最近时，振动速度仍在安全范围内，则本次爆破对刃脚是安全的。在监测点正下方进行爆破时爆破中心点离监测点最近为 8m。单段最大装药量为 4kg，所有数据均采用 L20 型爆破测振仪内置的自动模式测量获得，读数精度为 0.1%。1 号、2 号和 3 号测点监测数据见表 4-1。典型的振速波形图如图 4-4~图 4-6 所示。

表 4-1 爆破振动监测结果

监测时间	测点编号	单段最大药量/kg	测点距爆心距离/m	爆破振动速度 $v/cm \cdot s^{-1}$			主振频率 f/Hz		
				水平径向	水平切向	竖直方向	水平径向	水平切向	竖直方向
3.9	1	2.5	9.7	19.69	27.24	25.08	13.5	13.3	14.1
	2	2.5	17.0	4.44	2.77	5.24	32.6	44.6	42.2
	3	2.5	27.0	3.95	2.65	3.18	28.9	27.4	23.3
3.10	1	2.5	8.0	26.92	17.93	30.48	21.0	10.0	10.7
	2	2.5	17.8	4.95	2.87	5.37	46.4	24.2	25.9
	3	2.5	—	—	—	—	—	—	—
3.11	1	2.5	18.0	9.35	7.36	13.72	15.8	86.8	203.8
	2	2.5	—	—	—	—	—	—	—
	3	2.5	—	—	—	—	—	—	—

注："—"表示因为沉井施工中的抽、排水等工艺的影响造成所测数据失效。

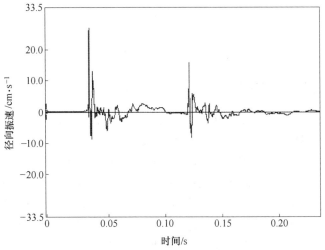

图 4-4 径向振速波形

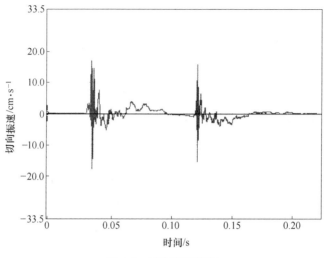

图 4-5　切向振速波形

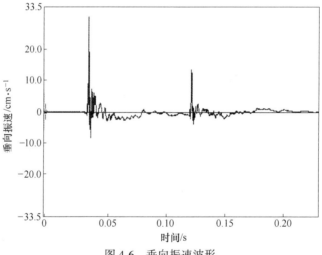

图 4-6　垂向振速波形

4.4　爆破振动安全判据

　　我国 2015 年开始实施的爆破安全规程（GB 6722—2014）对于新浇筑混凝土的安全振动标准规定见表 4-2。表中规定育龄为 7~28d 的混凝土安全振动速度为 7~12cm/s。国外的一些室内外试验结果表明，现行的新浇筑混凝土爆破安全振动速度具有相当大的安全储备。David Savor 等进行的现场养护试件的动力试验表明未终凝的混凝土可承受 11.2~27.6cm/s 的爆破振动作用而不会发生明显的强度降低。本书研究的沉井为 C30 强度的钢筋混凝土结构，育龄超过 28d，且外层包有 12mm 厚的钢板。故推测沉井的安全振动速度大于 27.6cm/s。

表 4-2　新浇筑混凝土的爆破安全容许标准

育龄/d	安全允许质点振动速度 $v/\text{cm} \cdot \text{s}^{-1}$		
	$f \leqslant 10\text{Hz}$	$10\text{Hz} < f \leqslant 50\text{Hz}$	$f > 50\text{Hz}$
初凝~3	1.5~2.0	2.0~2.5	2.5~3.0
3~7	3.0~4.0	4.0~5.0	5.0~7.0
7~28	7.0~8.0	8.0~10.0	10.0~12.0

4.5　监测结果分析

从三次监测结果来看，最大值为 30.48cm/s，频率为 10.7Hz，出现在距爆源正上方 8m 处。此次爆破二号监测点最大值为 5.37cm/s，频率为 25.9Hz，出现在距爆源 17.8m 处。爆破地震波在介质中传播遵循费马原理，即沿波最小的路径（不等于距离）传播。爆破地震波从土层中传播至沉井钢结构，再传播至混凝土结构。由于遇到不同介质交界面，会形成波的反射、折射和透射，地震波的能量传播至 2 号监测点有较大的损失。故 2 号监测点振速相比 1 号监测点衰减较快。

4.6　爆破振动数值模拟

采用 ANSYS/LS-DYNA 有限元分析软件，对爆破地震波对沉井的振动影响行为进行了三维有限元动力数值模拟。

4.6.1　模型的建立

模型由炸药、水、黏土、刃脚四部分组成。其中炸药、水采用 Euler 网格建模，单元使用多物质 ALE 算法，允许在同一个网格中包含多种物质。黏土采用 Lagrange 网格建模。炸药与水共节点，黏土与水之间采用共节点算法。模型分两部分：第一部分是炸药和水，第二部分是黏土和刃脚，进行流固耦合后模型为 2000cm×1120cm×4480cm 的长方体。结合监测时现场装药情况，模拟时药量为 2.5kg。由于模型结构的对称性，可以对炸药进行对称简化，此类简化可以大大减小运算量，但不影响计算结果的精度。条形药包为 3cm×3cm×6cm 的正方体。炸药中心为起爆点，离顶部的刃脚 1.4m。黏土的材料属性来自于现场取样之后实验所得数据。沉井和炸药的材料属性均为现场采集所得。具体数据见表 4-3~表 4-6。模型如图 4-7 所示。

表 4-3　炸药主要参数

密度 $/\text{g} \cdot \text{cm}^{-3}$	爆速 $/\text{cm} \cdot \text{μs}^{-1}$	CJ 压力 /Mbar	A /Mbar	B /Mbar	R_1	R_2	ω	E /Mbar	V_0
1.2	0.48	0.097	2.144	$0.182×10^{-2}$	4.2	0.9	0.15	$4.192×10^{-2}$	0

注：A、B、R_1、R_2、ω、E、V_0 为状态方程参数；1bar=100kPa。

表 4-4　水体主要参数

密度/g·cm^{-3}	C	S_1	S_2	S_3	γ_0	A	E_0
1.02	1.65	1.92	−0.096	0	0.35	0	0

注：C、S_1、S_2、S_3、γ_0、A、E_0 为状态方程参数。

表 4-5　黏土主要参数

密度/g·cm^{-3}	剪切模量/Mbar	屈服强度/Mbar	硬化模量/Mbar
2.04	1.6×10^{-4}	7.7×10^{-5}	0

注：1bar = 100kPa。

表 4-6　刃脚混凝土结构主要参数

密度/g·cm^{-3}	剪切模量/Mbar	体积模量/Mbar
2.3	0.125	0.1667

注：1bar = 100kPa。

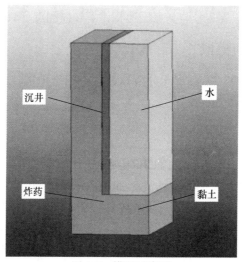

图 4-7　模型示意图

4.6.2　模拟结果及分析

　　模拟的最大值为 34.3cm/s，出现在刃脚正上方 6m 处 1 号监测点的位置。最大值出现在起爆后 0.02s 时刻，后面又出现一个波峰，推测是爆破地震波遇到沉井壁反射叠加形成的。模拟最大值与监测值相比偏大，推测是因为模拟所用的材料是均质属性，而实际情况中沉井、黏土都不是均质属性材料，地震波的传播会受到裂隙等因素的影响。爆破地震波传播的介质愈是坚硬、致密、完整，衰减越慢、传播越远、频率越高。模拟的振速与监测的振速对比见表 4-7。模拟振速典型波形如图 4-8~图 4-11 所示。

表 4-7　模拟的振速与监测的振速对比

测点编号	测点距爆心距离/m	爆破振动速度 $v/\text{cm} \cdot \text{s}^{-1}$		模拟与监测相差值/%	
		水平方向	竖直方向	水平方向	竖直方向
1 号实测	8.0	26.9	30.5	7.1	12.5
1 号模拟	8.0	28.8	34.3		
2 号实测	17.8	4.9	5.4	31	8
2 号模拟	17.8	6.5	5.8		

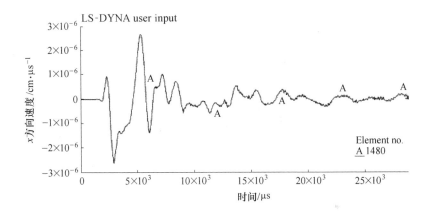

图 4-8　1 号测点水平方向振速波形

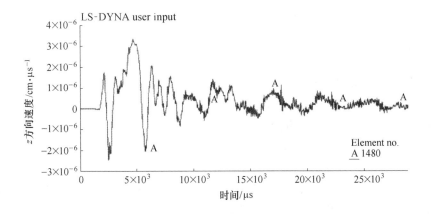

图 4-9　1 号测点竖直方向振速波形

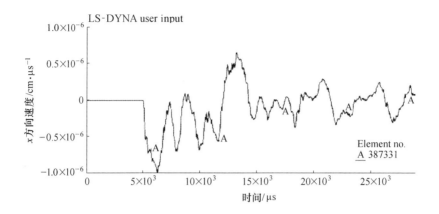

图 4-10　2 号测点水平方向振速波形

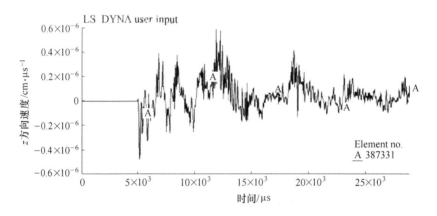

图 4-11　2 号测点竖直方向振速波形

4.7　结论

（1）采用 L20 型爆破测振仪对水下沉井的振动速度进行了监测。监测到沉井最大振动速度为 30.48cm/s。现场施工反馈沉井在多次爆破施工中均没有出现明显的损伤，说明对于该沉井结构，最大安全速度应该大于 30cm/s。

（2）运用 ANSYS/LS-DYNA 有限元软件对炸药在黏土中爆炸进行了数值模拟分析，数值计算所得振动速度与现场监测数据比较吻合。说明运用 ANSYS/LS-DYNA 有限元软件进行爆破振动速度模拟，从而预测振动速度并指导施工是可行的。特别是在一些近距离爆破时，现有的爆破测振仪会受到量程的限制，无法精确测到 35cm/s 以上的振动情况，而数值模拟没有此类限制。

（3）根据现场监测的结果来看，振动速度偏大。虽然沉井结构没有出现明显的损伤，但是结构的损伤不仅与振速和频率有关，还与爆破的次数有关。所以多次爆破施工对沉井还是有损伤的危险。施工过程中应严格遵守单个炮孔的装药量,并确保单孔单响逐孔起爆。

(4) 建议爆破类似工程施工中要进行爆破振动监测,如此可积累大量数据作为项目的安全责任界定的依据,也可以通过积累的实测数据指导类似工程施工,为类似工程提供经验,以便在保障沉井安全的前提下加快施工进度。

5 工 程 应 用

5.1 引言

    沉井是修建深基础和地下深构筑物的主要基础类型和较广泛应用的方法之一，可在松软、不稳定、含水土层、人工填土、黏性土、砂土等地基中应用，并可减少对施工场地复杂，邻近有房屋、地下构筑物等障碍物的影响。沉井的类型很多，具体类型根据建（构）筑物的使用功能、结构形式、地下土质情况而定，使用沉井法施工可减少使用其他方法施工的费用及难度。由于地质及选址问题沉井需下沉至硬塑黏土层，但沉井下沉能力不足，沉井入土后在井壁摩擦阻力及刃脚下方土体与障碍物的支撑作用下，往往会导致沉井下沉困难，传统方式无法解决此问题。我单位采用爆破助沉法进行辅助下沉。由于该工作的特殊性，一般爆破器具及爆破器材无法满足施工要求，为此，项目研究团队通过开发预埋钻孔爆破导向管技术、专用钻孔方法与设备、防水抗压一体化药包及对称起爆技术，解决了沉井助沉水下爆破技术实施的具体问题，成功完成沉井水下爆破助沉工作。

5.2 沉井助沉水下爆破关键技术特点及适用范围

5.2.1 技术特点

    （1）能够满足沉井在各种地形、地貌、地质条件下进行施工的下沉辅助工作。

    （2）能够处理沉井正下方强度较大的阻力介质。

    （3）通过内部爆破消除支撑介质，外部爆破破碎支撑介质，爆破振动降摩阻等途径助沉效果明显。

    （4）解决了传统沉井重力下沉的不足。

    （5）能适用于任何地层，不受持力层起伏和地下水位高低的限制。

    （6）通过改进施工器具提高了施工效率，缩短了施工工期。

5.2.2 适用范围

    适用于水深不大于60m，各种地形、地质条件下的沉井下沉辅助工作。对水深大于60m的沉井下沉辅助工作具有一定的指导意义。

5.3 沉井助沉水下爆破关键技术理论分析

5.3.1 爆破设计

5.3.1.1 爆破方案选择

通常实施水下爆破有裸露装药或钻孔装药两种方式。

方案一：采用裸露装药，将炸药包用绳索沿隔仓壁吊至水下需爆除的土层处（图5-1），此方法适用于周围没有需保护物体，施工较简单。

方案二：钻孔装药爆破。预先在沉井建造中预埋钢管与PVC管，作为钻孔爆破导向管，当沉井下沉至黏土层后，用地质钻从预埋钻孔爆破导向管下钻至黏土层，垂直取出所需深度的黏土形成炮孔，再将炸药放至炮孔内实施爆破。此法可控性强，成功率高，对沉井保护相对容易（图5-2）。

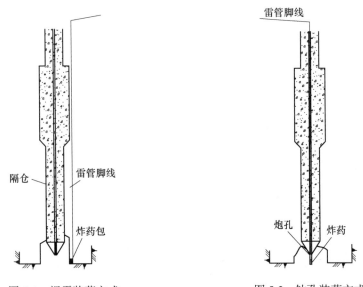

图 5-1　裸露装药方式　　　　图 5-2　钻孔装药方式

综合考虑质量、安全、工期等多方面因素，并通过方案比较，初步决定采取自上而下分层钻孔爆破开挖方案。

此工程需要开挖的黏土层处于标高-8.8～-15m之间，并且压在沉井刃脚及隔仓下方。黏土爆破开挖需要爆破自由面，此工程的土层爆破要想有较好的爆破效果，必须人为创造爆破自由面。结合整体下沉方案的有利条件，爆前先用潜水挖泥机将沉井隔仓中心处的土层开挖一个沟槽，如图5-3所示，为压在沉井刃脚和隔仓下的黏土爆破创造自由面。

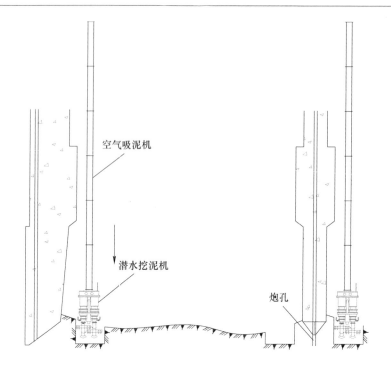

图 5-3　爆破自由面图示

　　该爆破工程特点是爆体位于深水区，四周静水压力大，且水下钻孔施工复杂，需采取分区控制爆破。由于爆破时土体不但受到上方沉井结构、水压、土体围压的荷载作用，而且还受到爆破动载的扰动，其力学性能变化不可预估，因此确定爆破区域及其爆破顺序尤为重要，空仓处沟槽采取与爆破部位同步的开挖顺序。拟定在沉井下沉过程中先遇到黏土层先采取爆破取土。根据汉阳侧钻孔柱状图，沉井下方需爆破的黏土层厚度及区域划分如图 5-4 所示。

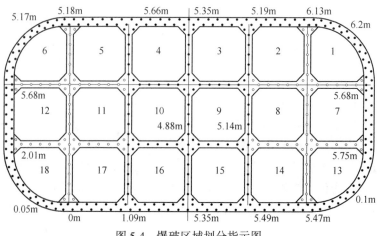

图 5-4　爆破区域划分指示图

现初步拟定黏土层分 3 阶段爆破下沉，单次爆破 2m。具体如下：

第一次爆破 1 号、2 号、3 号、4 号、5 号、6 号、7 号、8 号、9 号、10 号、11 号、14 号、15 号号舱附近区域，先爆破 8、9、10 三个区域，当沉井稳定后爆破 2、3、4、5、14、15 六个区域，最后爆破 1、6、7、12 四个区域；当沉井下沉稳定后进行第二阶段爆破，第二阶段爆破 1 号、2 号、3 号、4 号、5 号、6 号、7 号、8 号、9 号、10 号、11 号、12 号、14 号、15 号号舱附近区域，分三次爆破；第三阶段爆破 18 个舱，全断面爆破，分三次爆破。全断面都有黏土层时，按照工程需要首先爆破 8、9、10、11 四个区域，减小此区域沉井刃脚应力，再爆破其他 8 个隔舱刃脚区域，最后爆破四周沉井外壁刃脚区域，在施工过程中按照工程需要再进行微调。

5.3.1.2　爆破参数设计

（1）炸药及雷管的选定。根据爆破工程特点及国内工程常用爆破器材等因素，选取防水的乳化炸药和毫秒导爆管雷管。

（2）孔径选择 d。根据施工难易程度及经济考虑选用地质钻机，采用垂直钻孔，直径 d 取 100mm 的炮孔。

（3）炮孔深度 L。考虑保护结构的因素，爆源距沉井结构尽可能远的原则，结合大桥局项目部沉井下沉整体施工设计要求，不宜单次爆破厚度过大，所以孔深 L 取 $1.5 \sim 2.2$m。

（4）最小抵抗线 W。考虑到爆破的土体应最大限度地抛掷到沉井空仓处，最小抵抗线越小越易将土抛出，但最小抵抗线 W 太小，能量转为水击波就大，则对结构侧壁的影响也太大，同时考虑沉井结构不宜预设太多空孔，所以 W 取 1.35m。

（5）炮孔间距 a。考虑结构强度的影响，预留孔不宜太多，取 2.0m。

（6）炮孔排距 b。b 取 1.2m。

（7）药量计算：

1）单孔药量公式：

$$Q = AB W^3 = 4.43\text{kg}$$

式中　A——抗力系数，对黏土层取 1.5；

　　　W——最小抵抗线，取 1.35m；

　　　B——装药作用指数，对飞散爆破取 1.2。

2）单孔药量公式：

$$Q = qabh$$

式中　Q——炮孔计算装药量，kg；

　　　a——孔距，m；

B——孔排距，m；

h——钻孔深度（包括超深值），m；

q——岩土的单位炸药消耗量，kg/m³。

瑞典的资料认为水下钻孔爆破单位炸药消耗量由以下几个部分组成：

$$q = q_1 + q_2 + q_3 + q_4 = 0.89 \text{kg/m}^3$$

式中　q_1——基本装药量，是一般陆地钻孔爆破单耗的 2 倍，对水下垂直钻孔，再增加 10%，例如普通岩土钻孔爆破平均单耗 $q_1 = 0.2 \text{kg/m}^3$，则水下孔 $q_1 = 0.42 \text{kg/m}^3$；

q_2——爆区上方水压增量，$q_2 = 0.01 h_2$，其中 h_2 为水深（至开挖底部），取 m，按照历年的平均水位 37m，则 $q_2 = 0.37 \text{kg/m}^3$；

q_3——爆区上方覆盖层增量，$q_3 = 0.02 h_3$，其中 h_3 为覆盖层（淤泥或土、砂）厚度，m，覆盖层取 2m，则 $q_3 = 0.04 \text{kg/m}^3$；

q_4——岩石膨胀量，$q_4 = 0.03 h_4$，其中 h_4 为台阶高度，取 2m，则 $q_4 = 0.06$。

故单孔药量 $Q = 4.27 \text{kg}$。

结合工程经验及安全方面考虑，最终单孔装药量为 $Q = 4.0 \text{kg}$（药柱为 2kg 一支）。

（8）堵塞长度 $L_堵$：

$$L_堵 = (0.7 \sim 1.0) W = 0.945 \sim 1.35 \text{m}$$

5.3.2　爆破动态响应估算

5.3.2.1　爆炸应力波对黏土层的作用

A　爆轰波初始参数

由爆破动力学可知，当爆轰波传至炸药与土层的分界面处，会在土层中产生透射冲击波，同时在爆轰产物中形成反射冲击波或者反射膨胀波。爆破方案中采用的乳化炸药密度为 950~1250kg/m³，而黏土层密度为 2040kg/m³，比较两者波阻抗可知介质冲击阻抗大于炸药的冲击阻抗，故在爆轰产物中反射冲击波。

在爆轰产物中，因为反射波是冲击波，所以反射波传过后爆轰产物质点速度由 u_j 降低为界面速度 u_x，压力由 p_j 上升至 p_x。在爆轰产物中利用反射冲击波基本关系：

$$u_x - u_j = -\sqrt{(p_x - p_j)(v_j - v_x)} \tag{5-1}$$

将爆轰产物内能表达式 $e = \dfrac{pv}{k-1}$ 代入冲击波雨贡纽方程：

$$e_1 - e_0 = \frac{1}{2}(p_1 + p_0)(v_0 - v_1)$$

可得：

$$\frac{v_j}{v_x} = \frac{(k+1)p_x + (k-1)p_j}{(k+1)p_j + (k-1)p_x}$$

代入式（5-1）得：

$$u_x = u_j - \sqrt{p_j v_j \left(\frac{p_x}{p_j} - 1\right) \left[1 - \frac{(k-1)p_x/p_j + (k+1)}{(k-1) + (k+1)p_x/p_j}\right]} \tag{5-2}$$

再将爆轰参数关系式 $\rho_j = \dfrac{k+1}{k}\rho_0$，$c_j = \dfrac{k}{k+1}D_j$，$p_j = \dfrac{1}{k+1}\rho_0 D_j^2$，$u_j = \dfrac{1}{k+1}D_j$

代入式（5-2）得：

$$u_x = \frac{D_j}{k+1}\left[1 + \frac{(1 - p_x/p_j)\sqrt{2k}}{\sqrt{(k-1) + (k+1)p_x/p_j}}\right] \tag{5-3}$$

对于凝聚介质，设黏土冲击压缩规律服从凝聚介质实用状态方程 $p = c_0^2(\rho - \rho_0) + (\gamma - 1)\rho e$，代入能量守恒公式得：

$$\frac{\rho_m}{\rho_0} = \frac{(\gamma + 1)p_m + 2\rho_0 c_0^2}{(\gamma - 1)p_m + 2\rho_0 c_0^2} \tag{5-4}$$

参考工程经验数据，取乳化炸药装药密度为 $\rho_e = 1200\text{kg/m}^3$，爆速 $D_j = 4200\text{m/s}$，$k = 2.5$，黏土密度由实验测得 $\rho_0 = 2040\text{kg/m}^3$，$c_0 = 2900\text{m/s}$，满足默纳汉状态方程 $n = 4$，则分别将上述参数代入式（5-3）、式（5-4）得：

$$\begin{cases} u_x = \dfrac{4200}{2.5+1}\left[1 + \dfrac{(1 - p_x/6.048 \times 10^9)\sqrt{2 \times 2.5}}{\sqrt{(2.5-1) + (2.5+1)p_x/6.048 \times 10^9}}\right] \\[4mm] u_m^2 = \dfrac{p_m}{2100}\left[1 - \left(1 + \dfrac{p_m}{21 \times 10^8}\right)^{-\frac{1}{4}}\right] \end{cases}$$

利用边界条件 $p_x = p_m$，$u_x = u_m$，联立解得：

$$p_m = 3048\text{MPa}，u_m = 464\text{m/s}$$

即为爆炸冲击波初始参数。

B 冲击波在黏土层中的衰减

爆炸应力波在岩土中传播衰减规律的研究成果表明，在爆源近区，黏土介质中传播的是冲击波，冲击波压力 p 随距离的衰减规律为：$p = \sigma_r = p_0 \bar{r}^{-\alpha}$，其中 $\bar{r}$ 为距药室中心距离 r 与炮孔半径 r_b 之比，α 为衰减系数，$\alpha = 2 + \dfrac{\mu}{1+\mu}$。同时，根据冲击波速度与衰减距离的经验关系式：$D = D_0 - B(\bar{r} - 1)$（式中，$D_0$ 为冲击波初始速度，B 为冲击波速度衰减常数，与介质和炸药有关），进一步可以得到冲击波的作用范围：$r = r_b [1 + (D_0 - D)/B]$。根据研究与实验观察，常规炸药在岩土中引起的冲击波作用范围仅有装药半径的 3~5 倍，冲击波作用范围虽小，但却消耗炸药能量的大部分。此次针对沉井下沉爆破方案设计中，取炮孔半径为 0.05m，设 $\bar{r} = 5$，则初步估算在炮孔中心 0.25m 范围内，爆炸冲击波衰减为应力波，得到 $p = p_0 \bar{r}^{-\alpha} = 84.2\text{MPa}$。在冲击波作用区之外，传播的是压缩应力波（图 5-5），应力波的衰减规律与冲击波相同，但衰减指数较小。参照武汉岩土力学研究所通过现场试验得出应力波衰减指数为：

$$\alpha = -4.11 \times 10^{-7} \rho_r c_p + 2.92 \approx 1.19。$$

所以，在冲击波作用区外直到黏土与水和沉井底部交界的范围内，可以大致估算应力波衰减为：$p = p_0 \bar{r}^{-\frac{\alpha}{2}} \approx 9.4\text{MPa}$。

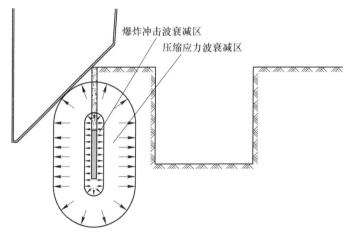

图 5-5 爆炸应力波传播衰减示意图

C 应力波在交界面的反射与透射

根据爆炸动力学基本理论，应力波从一种介质传到另一种介质中，在交界面上会发生反射和透射。当应力波从介质 I 传到交界面时，由于两边介质波阻抗不同，入射波 σ_I 将在界面上同时发生反射和透射，产生的反射波 σ_R 返回介质 I 中，与入射波叠加在一起，透射波 σ_T 则穿过界面进入介质 2 中继续向前传播。具体为：$\sigma_R = F\sigma_I$；$\sigma_T = T\sigma_I$。其中 F 和 T 分别称为反射系数和透射系数，其值由两种介质的波阻抗确定：

$$F = \frac{\rho_2 c_2 - \rho_1 c_1}{\rho_2 c_2 + \rho_1 c_1}，T = \frac{2\rho_2 c_2}{\rho_2 c_2 + \rho_1 c_1}$$

假设交界面处入射波为爆轰波衰减后的结果，取 $\sigma_I \approx p = 94\text{MPa}$，则应力波由黏土层向黏土与水交界面处产生反射波和透射波为（图 5-6）：

$$\sigma_R = F\sigma_I = -4.42\text{MPa} ;$$

$$\sigma_T = T\sigma_I = 4.98\text{MPa}$$

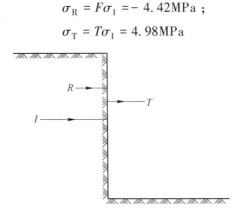

图 5-6　应力波在黏土与水交界处反射与透射

根据冲击波拉伸破坏理论，当炸药在岩土体中发生爆轰时，生成的高温、高压、高速的冲击波猛烈冲击周围的岩土体，在岩土体中引起强烈的应力波，它的强度大大超过了岩土体的动抗压强度，因此引起周围岩土体的过度破碎。当压缩应力波通过粉碎圈以后，继续往外传播，但是它的强度已大大下降到不能直接引起岩土体的破碎。当它达到交界面时，压缩应力波从交界面反射成拉伸应力波，虽然此时应力波的强度已很低，但是岩土体的抗拉强度大大低于抗压强度，仍足以将岩土体拉断。这种破裂方式亦称"片落"。随着反射波往里传播，"片落"继续发生，直到将爆破范围内的岩土体完全拉裂为止，因此岩土体破碎的主要部分是入射波和反射波作用的结果。

由上述估算结果可知，应力波由黏土向水中传播时，在交界处产生反射波和透射波。由于黏土层波阻抗大于水的波阻抗，产生的反射波与入射波方向一致，具有叠加效果，此时在交界面上径向应力 $\sigma_\tau = \sigma_I + \sigma_R = 13.8\text{MPa}$ ，由经验公式估算得到切向应力为 $\sigma_\theta = \dfrac{\mu}{1-\mu}\sigma_\tau = 5.9\text{MPa}$ ，此时，土层中的切向拉伸应力 σ_θ 远远大于土层的动抗拉强度（查文献数据可知动抗拉强度为 106kPa 左右），说明在爆破载荷作用下，设计爆破范围内沉井下方的黏土层发生破坏，验证了爆破方案的设计结果。而在沉井正下方设计爆破范围以外的黏土层区域，根据冲击波在黏土层中的衰减规律，爆炸载荷在小范围内衰减迅速，且消耗大部分能量，应力波会快速衰减成地震波，不会对高围压下的黏土层产生破坏。

5.3.2.2 爆炸应力波对沉井结构的作用

杨泗港长江大桥北岸 1 号主塔基础采用带圆角的矩形结构沉井，设有 18 个隔仓，上部采用混凝土标准段沉井，下部采用钢沉井的形式，底部刃脚部位较标准段每侧增加 0.2m，底口刃脚高 2.0m，为保证混凝土沉井与钢沉井连接可靠，在钢沉井顶部水平环钢板上开有直径 32mm 的钢筋穿过孔，混凝土沉井竖向钢筋穿过水平钢板，锚固在钢沉井填充混凝土中。可见，沉井结构十分复杂。在爆炸载荷的作用下，应力波在沉井中会在多层不同阻抗材料中传播，会发生复杂的反射和透射现象，若想得到理想的理论分析结果是很困难的。因而只作初步分析，大致估算应力波在沉井刃脚处的影响。

应力波由黏土向黏土与沉井底部的交界面传播时，在交界处产生反射波和透射波，由于黏土的波阻抗小于沉井底部钢板的波阻抗，产生的反射波 σ_R 返回黏土层中，与入射波叠加在一起，透射波 σ_T 则穿过界面进入底部钢板中继续向前传播（图 5-7）。具体为：

$$\sigma_R = F\sigma_I \, , \ \sigma_T = T\sigma_I \, , \ F = \frac{\rho_2 c_2 - \rho_1 c_1}{\rho_2 c_2 + \rho_1 c_1} \, , \ T = \frac{2\rho_2 c_2}{\rho_2 c_2 + \rho_1 c_1}$$

同样假设交界面处入射波为爆轰波衰减后的结果，取 $\sigma_I \approx p = 9.4\text{MPa}$，则应力波由黏土层向黏土与沉井底部交界处产生反射波和透射波为：

$$\sigma_R = F\sigma_I = 7.5\text{MPa} \, , \ \sigma_T = T\sigma_I = 16.9\text{MPa}$$

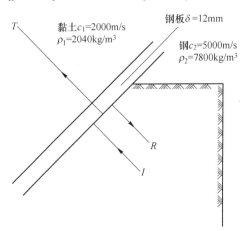

图 5-7 应力波在黏土与刃脚钢板交界处反射与透射

说明沉井底部钢板中传播的应力波初始值即为透射波的结果，此外，沉井底部还会受到水中的应力波对结构的作用，传播过程比较复杂，由应力波的衰减可以大致估算，其应力峰值不会超过 σ_T 这个初始值。参照国标相关规范可知，Q235 钢材的屈服强度为 235MPa，其抗拉强度为 370 ~ 500MPa，其应力波峰值为强度指标的 7%，基本不会对沉井外部产生破坏。

随着应力波继续向结构内部传播，会在结构侧壁以及混凝土介质中发生复杂的反射和透射现象，应力波的传播伴随着能量的衰减，选取钢板的初始应力波峰值估算其透射到混凝土的应力峰值 $\sigma_T = T\sigma_I = 6.8\text{MPa}$，如图 5-8 所示，其值为混凝土的动抗拉强度（查询文献可知 C30 混凝土的动抗拉强度为 44.13MPa）的 15%，说明沉井内部混凝土结构基本不会产生破坏。

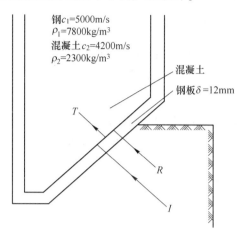

图 5-8　应力波在刃脚钢板与混凝土交界处反射与透射

5.4　沉井助沉水下爆破关键技术主要内容及技术流程

5.4.1　主要内容

（1）在沉井助沉水下爆破施工中，通过预埋钻孔爆破导向管技术，研发专用钻孔方法与设备、防水抗压一体化药包及对称起爆技术，以实现在沉井正下方 60m 水深钻孔爆破作业。

（2）研发了一种高效安全的专用钻孔设备，简化了工序，可满足吊运、快速组装的要求，解决临边施工空间不足的问题，提高了施工效率并保障了施工安全。

（3）根据沉井的预埋钻孔爆破导向管尺寸加工专用套管卡钳设备。专用设备可以快速固定引导钻杆，防止钻进过程中钻杆偏心引起的套管摇摆（钢套管会因长时间摇摆而断裂）。

（4）根据钻孔尺寸加工聚酯乙烯螺口外壳，通过该外壳将一次熔铸成型的 TNT 含量较高的混合炸药与堵塞材料（粗砂或碎石）加工成一体化药包。

（5）先通过大直径（110mm）聚乙烯免回收套管隔绝外部散沙、碎石，后利用小直径（90mm）聚乙烯免回收套管保护筒壁并降低孔壁摩擦确保药包顺利入孔（聚乙烯套管可以被销毁不对二次钻孔产生阻碍）。

（6）通过钻孔爆破破碎沉井正下方阻力介质，消除下部支撑力；在两侧自由面的情况下通过外侧悬挂药包产生的侧向冲击波破碎隔仓板下方的土墙，消除支撑力。通过爆炸荷载使沉井发生小规模扰动，使沉井侧壁与侧面介质产生位移降低摩阻；通过爆炸荷载产生弹性振动促使与沉井接触的介质（土、土夹石及部分孤石）发生局部液化，降低摩阻，以此辅助沉井下沉至设计标高。

5.4.2 沉井助沉水下爆破技术流程

沉井水下助沉爆破施工分为三部分，分别为施工前准备、爆破施工及验收。

5.4.2.1 施工前准备流程

（1）预埋钻孔爆破导向管。减少钻机钻进量，确保药包能安放到指定位置，保证爆破助沉效果。预埋钻孔爆破导向管施工技术流程如图 5-9 所示。

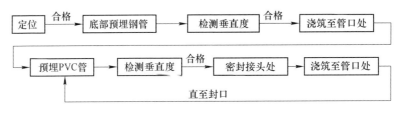

图 5-9 预埋钻孔爆破导向管技术流程

（2）火工品试验。检验火工品在深水中的抗压防水能力，确保在深水这种特殊环境下，火工品的准爆率及爆破效果，火工品试验流程如图 5-10 所示。

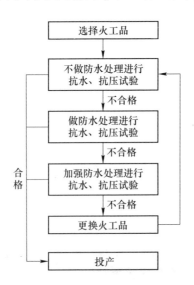

图 5-10 火工品试验流程

（3）钻机改良及试钻。其一，由于沉井壁较薄，无人工操作空间，因此需增加辅助操作平台，提供操作空间；其二，由于沉井下沉过程中会遇到夹砂层，导致钻孔后无法成孔（塌孔）。因此需改良地质钻机及进行试钻，为后期施工做准备。钻机改良及试钻流程如图5-11所示。

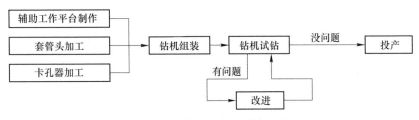

图5-11 钻机改良及试钻流程

5.4.2.2 爆破施工流程

（1）钻机移机定位。利用塔吊或汽车吊，将钻机移动到孔位上方0.5m处，通过人工与吊机的配合将钻头与孔位对齐，再将钻机固定在工作平台上。

（2）钻孔。利用地质钻机穿过预埋爆破钻孔导向管，并达到设计深度（钻头直径110mm）。

（3）测量孔深。利用量绳测量已钻孔深。若满足设计要求，进行装药；若不满足再利用注浆法钻孔至设计深度，然后再进行测量；若还不满足则利用套管法进行钻孔至设计深度，若仍不满足则放弃此孔位钻孔，并做好记录。

（4）预制药包。在震源药柱管口侧加一节同型号空壳，然后将提绳穿在震源药柱管壁上，并系牢；再将雷管头插入震源药柱插孔内，并将雷管脚线（导爆管）每隔5m利用电工胶布与提绳绑在一起，使导爆管处于松弛状态，避免在装药过程中雷管头与药柱脱离；最后在空壳内填满细砂作为堵塞段。装两节以上震源药柱时，需在拧紧震源药柱螺口后用透明胶带缠绕固定，加固连接，避免脱落。

（5）装药。利用提绳将预制药包送入孔内。

（6）测量药包深度。装药完毕后，测量孔口剩余绳长，得出装药深度，判断药包是否装到设计深度。若不满足，可将药包提升3~5m高度，利用自然下落使药包装到设计深度，若反复3次仍无法达到设计深度，则应将药包回收，重复步骤（2）。

（7）警戒。根据警戒要求进行警戒工作，所有非爆破技术人员必须撤离沉井。

（8）振动监测。在起爆前按设计要求布置测点，等待触发。

（9）联网起爆。确认振动监测点布置完成及非爆破技术人员全部撤离沉井到达警戒范围外后，进行联网工作；联网完成后，爆破技术人员撤离沉井达到指定起爆点，等待命令进行起爆。

（10）盲炮检查。爆破后15min，爆破技术人员进入现场检查是否存在盲炮。

若不存在，则应回收废料并解除警报；若存在，则应重新联网起爆，若无法正常起爆则回收药包并检查原因。

爆破施工技术流程如图 5-12 所示。

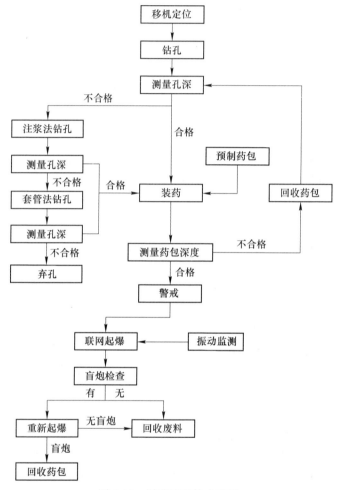

图 5-12　爆破施工技术流程

5.4.2.3　验收流程

爆破任务结束后，采用潜水员下水进行探摸、测绳测量、声呐探照、全站仪测量等方法进行验收工作。若爆破效果良好，刃脚处泥土均被抛出，则利用排水助沉及空气幕助沉法进一步使沉井下沉；若有部分炮孔处爆破效果欠佳，则应适当加大单耗进行二次爆破，再利用排水助沉及空气幕助沉法进一步使沉井下沉。爆破助沉应保留 1m 下沉空间，使沉井通过排水助沉及空气幕助沉法到达设计标高；若待下沉深度不能通过一轮爆破助沉完成，则应分2～3轮，并在下一轮爆破前利用潜水吸泥机整理爆破自由面。验收流程如图5-13所示。

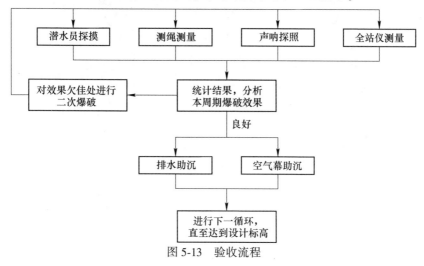

图 5-13 验收流程

5.5 沉井助沉水下爆破关键技术

5.5.1 预埋钻孔爆破导向管技术

（1）根据爆破区域环境、地层性质和沉井的结构尺寸确定孔网参数。井壁宽度如果小于1m，炮孔定在井壁宽度中心线外侧10cm处，孔距2m；井壁厚度如果大于1m，就采用交错双排孔，一排炮孔定在井壁中心线外侧20cm处，另一排孔定在井壁中心线内侧10cm处，孔距2m。分舱板宽度小于1m时，炮孔就定在分舱板宽度中心线上，孔距2m；分舱板宽度大于1m时，炮孔就定在分舱板宽度中心线往两侧各偏离30cm处，孔距2m。

（2）按孔网参数在浇筑沉井时预埋钻孔爆破导向管。考虑不破坏沉井强度及保证钻孔效率，选择公称外径160mm钢管及PVC管较合适。沉井浇筑混凝土前，在设计炮孔位置的钢筋笼内安装长6m、公称外径160mm钢管，此钢管顶部内圈预制螺纹，固定钢管竖直后浇灌混凝土至将淹没钢管顶部；再在预埋钢管顶部正上方钢筋笼内安装公称外径160mm钢管或PVC管，此钢管或PVC管底部外圈预制与底部钢管内圈螺纹相匹配的螺纹，将上下两管旋转拧接后用铁丝固定连接处，再浇筑混凝土；如此反复加装钢管或PVC管即可完成沉井平台内钻孔爆破导向管的安装，如图5-14所示。

（3）由于在沉井浇筑施工过程中会出现PVC管被压碎或倾斜的情况，导致混凝土砂浆进入管内造成堵孔，故在布孔时应适当加密，确保无爆破死角。

图 5-14　预埋爆破钻孔导向管

5.5.2　钻孔方法及设备研发

5.5.2.1　钻孔方法

利用地质钻钻孔。在钻孔前使用量绳测量孔深，预估钻孔工作量；将 110mm 钻头放到孔底，再进行钻进，保证钻头钻进至少 3m；再利用量绳测量钻孔，对孔深达到设计要求的钻孔进行装药操作。对未达到要求的钻孔利用注浆钻孔法或套管钻孔法进行钻进，直至孔深达到要求。

（1）注浆法钻孔。在钻孔过程中，当遇到含砂层或碎夹石层时，会出现塌孔现象，导致钻孔深度无法满足要求。因此，在这种情况下需要进行注浆钻孔，其目的有两点。其一是由于浆液密度较大，能将砂石冲出孔口；其二是浆液能起到护壁的效果，保证在装药前不会塌孔。采用膨润土、水、石碱按 45%∶50%∶5%比例配制浆液。不建议采用水泥砂浆作为注浆钻孔法浆液，以避免水泥砂浆凝固造成堵孔，导致钻进困难。

（2）套管法钻孔。当使用注浆钻孔时无法返浆或因夹砂层过厚导致注浆钻孔法仍会塌孔时需采用套管钻孔法。其目的在于阻隔砂石进入炮孔中，确保不出现塌孔现象。

利用 110mm 钻头在预埋钻孔爆破导向管底部钻进 3m 深度，再将长度 3m、公称外径 110mm 的 PVC 管套在直径 90mm 钻头上送入预埋钻孔爆破导向管底，然后进行钻孔工作，保证 PVC 管有 50cm 留在预埋钻孔爆破导向管中。

5.5.2.2　钻孔设备研发

A　地质钻加工

对水下爆破中使用的地质钻辅助装置，预先根据地质钻尺寸制作固定地质钻的框架。在工作平台较窄，无法进行地质钻机操作时，将预先制作的框架平台安装在地质钻机上，并用螺丝、钢丝绳固定安装完成，再利用吊机摆放至工作平台，使辅助工作平台悬空，以提供一个操作空间。图 5-15 所示为在水下爆破中使用的地质钻辅助装置安装示意图，其中工作平台 8 由两个矩形框架组成；底座 1 包括槽钢架 4、矩形钢 5，所述矩形钢 5 与槽钢架 4 的后端垂直连接，在槽钢架 4 前部中间、矩形钢 5 两侧分别设有 3 个卡槽 6，地质钻机 3 焊接在底座 1 上；3 根钢管 2 上部拼接在一起，通过插销与起吊用钢丝绳的滑轮 14 固定；3 根钢管 2 的下部分别用螺栓固定在底座 1 的 3 个卡槽 6 上；工作平台 8 的 2 个矩形框架分别插入底座 1 后端矩形钢 5 两侧的钢筒内，并用螺丝连接固定 2 个矩形框架。工作平台 8 的 2 个矩形框架的底部直角内侧设有三角搁块 12，矩形框架的底部直角外侧设有预留圆环 13；3 根钢管 2 的中下部设有预留圆环 13；预留圆环 13 内吊扣有钢丝绳 16；底座 1 的槽钢架 4、矩形钢 5 连接部的外侧设置槽钢 7；钢管 2 上设置有螺纹钢楼梯 15。螺纹钢楼梯 15 的螺纹钢采用国家标准 GB 700—88 选材加工，选取直径 20mm 螺纹钢；钢丝绳 16 采用国家标准 GB 8918—2006 选材加工，选取直径 10mm 钢丝绳；矩形钢管 9 采用国家标准 GB/T 3094—2000 选材加工，边长为 40mm，壁厚 4mm；矩形钢 5、矩形钢管 10 采用国家标准 GB/T 3094—2000 选材加工，边长为 80mm，壁厚 8mm；矩形钢管 11 采用国家标准

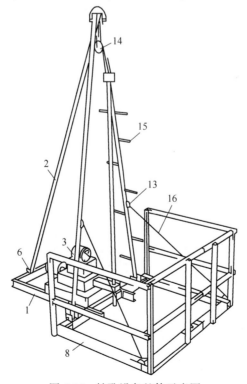

图 5-15　钻孔设备整体示意图

GB/T 3094—2000 选材加工，边长为 60mm，壁厚 8mm；槽钢架 4 的槽钢采用国家标准 GB/T 707—1988 选材加工，选用型号 10，高度为 100mm，平均腿厚度 8.5mm；槽钢 7 采用国家标准 GB/T 707—1988 选材加工，选用型号 8，高度为 80mm，平均腿厚度 8.0mm；钢管 2 采用国家标准 GB/T 8162—2008 选材加工，外径为 45mm，管厚度 3mm；槽钢架 4 由 2 根长度 1.9m 槽钢、3 根长度 0.7m 槽钢组成，

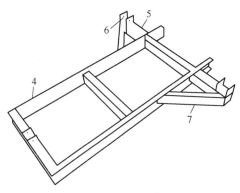

图 5-16 底座示意图

槽钢 7 由 2 根长度 0.6m 槽钢组成，矩形钢 5 由 2 根 0.45m 矩形钢管组成；槽钢架 4、槽钢 7、矩形钢 5 焊接成图 5-16 所示的底座；如图 5-17 所示，将地质钻机

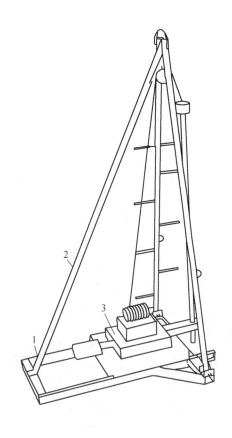

图 5-17 钻机示意图

3 与底座 1 焊接固定。将螺纹钢每隔 0.4m 焊接在钢管 2 上，并将三根钢管 2；如图 5-18 用螺丝连接于底座 1 的卡槽 6 上，并将滑轮 14 固定在钢管 2 连接处；矩形钢管 9 选取矩形钢竖杆 6 根 1.3m，横杆 4 根 1.6m、2 根 1.3m、2 根 0.85m；矩形钢管 10 选取矩形钢 1 根 0.4m；矩形钢管 11 选取矩形钢 2 根 0.6m、2 根 1.5m、2 根 0.9m，矩形钢管 9、矩形钢管 10 焊接成如图 5-18 所示的工作平台 8 的右矩形框架；矩形钢管 11 焊接成如图 5-18 所示的工作平台 8 的左矩形框架；将工作平台 8 的两个矩形框架拼接在底座 1 上，并用螺丝固定两框架；将钢丝绳 16 固定在预留圆环 13 上；将木板搁置在三角搁块 12 上。

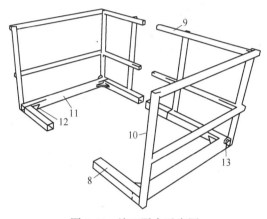

图 5-18 施工平台示意图

B 辅助钻孔的套管卡钳

河床沙石流动性大，故会遇到所钻炮孔在钻杆提出炮孔之后产生回填和堵塞，导致炮孔不合规格严重影响施工进度和效率的现象；故将一根内径大于钻杆直径的金属套管先行垂直于河床放入到河床底部，再沿着套管口放入钻杆进行钻孔，这样就可以很大程度上降低钻杆提起后沙石对已钻炮孔的回填和堵塞。但是此金属套管在水下无法固定，在钻孔时伴随钻杆有很大幅度的左右荡动，严重影响真实钻孔效率，一种在沉井助沉爆破施工中辅助钻孔的套管卡钳，可使沉井爆破深水下钻孔能够高效完成。其利用两根固定用槽钢将两根主槽钢平行焊接一体，其中一根固定用槽钢在主槽钢一端焊接，另一根固定用槽钢在主槽钢靠中间位置焊接。在两根主槽钢上各焊接一个可开合式合页，合页上带半圆开口，当两个合页合上形成闭合圆形可正好固定住金属套管。在主槽钢底部开横向卡槽，通过此卡槽可将此设备安装固定到基座上。

如图 5-19 所示，所述设备包括主槽钢、固定槽钢、固定螺母、合页、转轴、合页承载板和横向卡槽。待金属套管放入水中后，将整个设备通过横向卡槽 7 固定到基座上，调整金属套管位置，转动合页 3 使两面单扇合页合并并将金属套管卡入其中。

　　整个卡钳固定于基座上，并将金属套管卡住，限制其水平各个方向上的位置，并确保其保持垂直状态，确保钻杆垂直钻孔并不会产生多余的不规则扰动，如图 5-20 所示。

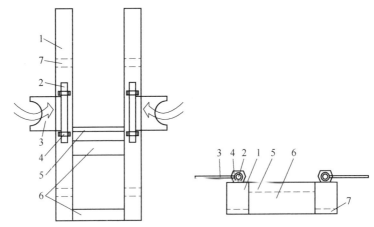

图 5-19　套管卡钳俯视图与剖面图

1—槽钢；2—转轴；3—合页；4—固定螺母；5—合页承载板；6—固定槽钢；7—横向卡槽

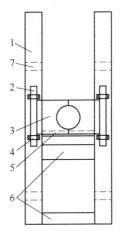

图 5-20　工作状态示意图

1—槽钢；2—转轴；3—合页；4—固定螺母；5—合页承载板；6—固定槽钢；7—横向卡槽

5.5.3　一体化药包安全起爆技术

　　由于爆破作业需要在 60m 水深环境下进行，故炸药采用防水性能好的中爆速震源药柱。药柱直径 75mm，雷管采用 MS-3 及 LP-6 导爆管雷管。为了确保选用的爆破器材在深水条件下可以稳定起爆，需要对其做抗水性试验和必要的防水处理。

5.5.3.1 爆破器材抗水性试验

（1）试验器材。MS-3 导爆管雷管 20 发、LP-6 导爆管雷管 30 发、φ75mm 震源药柱 4kg。

（2）试验目的。检验所选用爆破器材在深水条件下的起爆稳定性。

（3）试验水深。66m。

（4）试验方式。以尼龙绳吊药包，使其沉入水下 66m 处，水面激发。通过响声、气泡及沉井振动判断起爆可靠性及爆炸能力是否满足施工需要，药包布置立面图如图 5-21 所示。

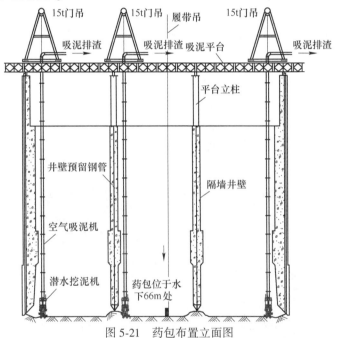

图 5-21 药包布置立面图

（5）雷管试验。

器材：MS-3 导爆管雷管 20 发，奥瑞凯 LP-6 长延期导爆管雷管 30 发。

连接方式：单发反向连接，起爆信号传递顺序为：起爆器→MS-3 导爆管雷管→奥瑞凯长延期导爆管雷管→奥瑞凯长延期导爆管雷管。

（6）水下击发试验。

如图 5-22 所示连接雷管，保证端部雷管触底。雷管就位稳定后击发。

如图 5-22 所示连接雷管，保证端部雷管触底。雷管就位稳定后静置 5h 后击发。

（7）药柱试验。

器材：凯龙化工生产 φ75mm 震源药柱。每个 2kg。

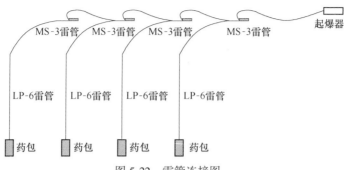

图 5-22 雷管连接图

连接方式：正向起爆。

装药方式：水下外敷药包。

（8）试验步骤。

1）将 LP-6 导爆管雷管 2 发分成一组（共 11 组），其中 4 组将起爆雷管尾部用 AB 胶作防水处理，并在起爆雷管处固定重物以便顺利下沉；将 LP-6 导爆管雷管 2 发分成一组（共 2 组），各连接一支（2kg）φ75mm 震源药柱，其中一支在雷管炸药连接处用 AB 胶作防水处理，并用尼龙绳系好。雷管炸药连接如图 5-23 所示。

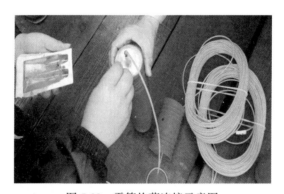

图 5-23 雷管炸药连接示意图

2）将以上各组雷管炸药按图 5-24 所示分别下放至 60m 水深处，并记录下放至最深水底时间。

3）在水中静置 2~4h 后起爆，分别记录起爆时间及准爆率，试验数据见表 5-1。

（9）试验结论。在 66m 水深处，所有雷管炸药在静置 2~4h 后均能起爆，再结合雷管厂商实施的"7 天水压试验"和"储存时间和压力对水压测试影响实验"，说明所选用器材能够在此水压下稳定传爆及起爆，满足施工要求。

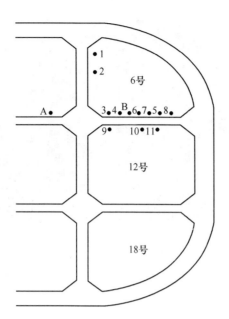

图 5-24 雷管及药包放置位置示意图

表 5-1 试验数据记录

编号	防水处理	下放时间	起爆时间	静置时间/min	是否起爆
1	是	10：12	11：20	68	是
2	是	10：12	12：18	126	是
3	是	10：18	12：18	120	是
4	是	10：54	13：33	159	是
5	是	10：55	13：33	158	是
6	是	10：37	14：58	261	是
7	是	10：42	13：33	171	是
8	是	10：48	12：18	90	是
9	是	10：48	12：18	90	是
10	是	10：48	13：33	165	是
11	是	11：00	15：02	242	是
A	是	11：23	14：58	215	是
B	是	11：07	15：02	235	是

5.5.3.2 爆破器材的防水处理

雷管防水处理方式：在雷管和塑料导爆管连接处填充 AB 胶，如图 5-25 所示。

炸药防水处理方式：炸药采用抗水性能好的乳化炸药（密度低于水的密

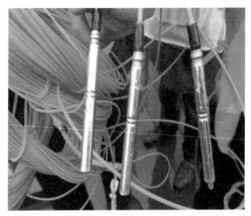

图 5-25 雷管防水处理

度)，并装入制作好的 PVC 管壳中防水，在管壳外壁缠绕透明胶增加防水强度。
对于乳化炸药采取增加配重的方式使其在水中顺利下沉。

5.5.3.3 一体化药包

以直径 90mm 的 PVC 管为载体，将堵塞物、震源药柱和雷管制作成为一个
整体，依次为雷管、震源药柱和堵塞物，如图 5-26 所示。管壳起到承载炸药、
防水保护装药和助沉装药的目的；采用预制填充混凝土块填塞，填塞长度约
1.0~1.5m；堵头起到封水、配重及便于寻孔的目的，实物图如图 5-27 所示。

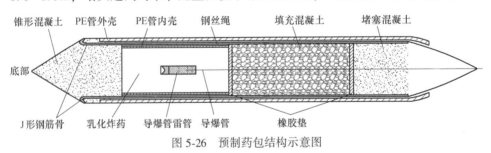

图 5-26 预制药包结构示意图

图 5-27 药包实物图

5.5.4　对称起爆技术

为了提高起爆网路的可靠性，降低单响药量，采用非电毫秒微差复式起爆网路，孔内起爆雷管用两发奥瑞凯 LP6 段（1200ms）起爆雷管，孔外接力雷管用 MS-3。为单孔单响起爆网路，图 5-28 所示为爆破网路示意图。

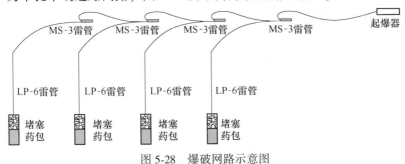

图 5-28　爆破网路示意图

此外起爆网路除需考虑准爆性外，还需考虑爆破瞬间沉井受力下沉的均匀性和对称性。因此爆破起爆网路以沉井中心线为轴，两侧完全对称起爆。必须遵循下列设计原则：

（1）每爆设计原则。每次爆破必须根据当时沉井姿态进行设计；必须同时考虑到沉井水平测绘数据、基底地形变化进行设计，不可直接套用前次爆破布孔网路。

（2）沉井平衡最优原则。每次爆破必须保证爆破后沉井水平平衡向高程差降低的方向发展。在沉井自身平衡性较好时，必须采取中心对称布置；在沉井已经存在自身倾斜时，应优先在下沉进度慢的一侧进行爆破，发挥纠偏功能。

（3）每响必平衡原则。为保护刃脚结构安全，爆破必须进行单控单响网路设计，但网路设计过程中必须保证每响爆破后，沉井均处在一个平衡状态下。比如，设计在沉井东南和西北对称布设有 6 个炮孔，而东南侧 6 个炮孔下方均有硬质黏土体支撑，西北侧后 5、6 号孔位处于砂土位无支撑能力，故需先安排东南侧 5、6 号孔起爆，然后再一次爆破后续炮孔，以避免沉井在前 4 个炮孔爆破后发生突沉，而此时西北侧无支撑，东南侧尚存 2 个孔位（约 8m³）土体的支撑，进而导致沉井受力不均发生倾斜。

5.6　杨泗港长江大桥 1 号主塔基础沉井助沉爆破工程应用

5.6.1　工程背景介绍

5.6.1.1　工程简介

杨泗港长江大桥（图 5-29）位于鹦鹉洲大桥上游 3.2km、白沙洲大桥下游 2.8km 处，从汉阳国博立交沿汉新大道跨鹦鹉大道和滨江大道，在武昌侧跨八铺街堤、武金堤至八坦立交，全长约 4.134km，主桥采用主跨 1700m 悬索桥，悬吊跨度为 465m+1700m+465m，跨大堤采用钢箱梁结构，岸滩区采用现浇预应力混凝土连续梁。

杨泗港长江大桥主桥平面布置图

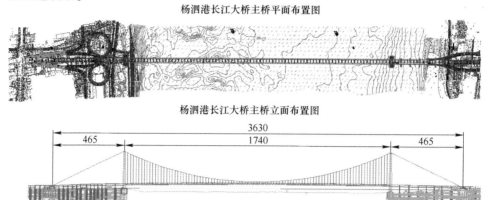

杨泗港长江大桥主桥立面布置图

图 5-29　主桥平面、立面布置图

　杨泗港长江大桥南端主塔 1 号墩沉井基础采用圆端形沉井（图 5-30），标准段井身平面尺寸为 77.2m×40.0m（长×宽），圆端半径为 12.9m，沉井平面布置为 18 个 10.6m×10.6m 井孔，沉井壁厚 2.0~2.9m，隔墙厚 1.2~1.8m；沉井顶面标高+23m，刃脚标高−15m，底节刃脚高 2.0m，总高 38m，其中底节采用 8m 高钢壳混凝土，其余为钢筋混凝土；主要工程数量有：C40 井壁混凝土约 32000m³，C35 封底混凝土 18657m³，钢筋 4805t，钢材 1338t，主墩总重约 90000t。为保证封底混凝土抗剪受力需要，底节外壁板及隔墙断面设计成下窄上宽的楔形，并在第二节钢沉井及沉井封底混凝土高度范围内设剪力键；沉井施工水位暂时按+23m 考虑。图 5-31 为 1 号主塔基础沉井主墩实景。

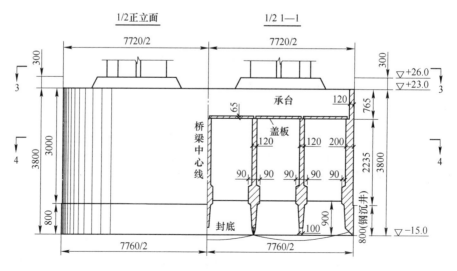

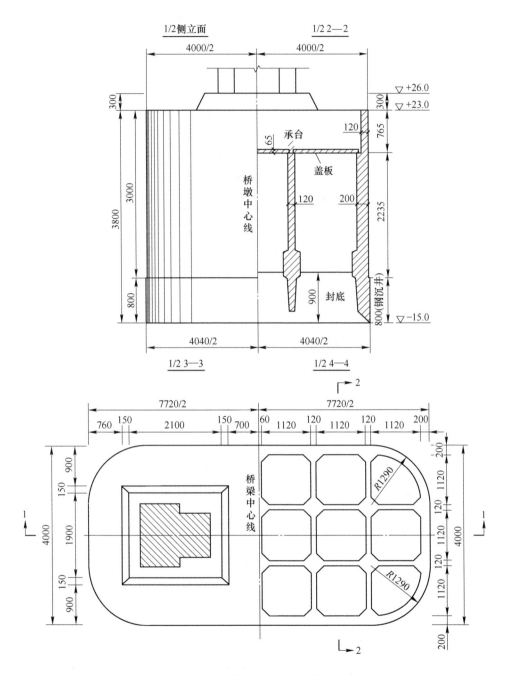

图 5-30　1号主塔基础沉井主墩结构示意图

混凝土沉井分标准节段一（BZ-1）、标准节段二（BZ-2）、标准节段三（BZ-3）及顶节段（DJ），节段高度分别为5m、5m、4.35m及7.65m。标准节沉井外壁厚 2.3m，内隔墙厚 1.8m；顶节壁厚 1.5m。顶节顶部预留接高钢围堰槽口。

为保证混凝土沉井与钢沉井连接可靠，在钢沉井顶部水平环钢板上，开有直径 32mm 的钢筋穿过孔，混凝土沉井竖向钢筋穿过水平钢板，锚固在钢沉井填充混凝土中。

图 5-31   1 号主塔基础沉井主墩实景

浇筑完成的钢沉井结构在自身重力作用下下沉，下沉过程中采取吸泥机搅吸取土辅以高压旋喷射水机的施工方法辅助沉井下沉。由于地质条件及选址问题，沉井需下沉至硬塑黏土层，才能达到设计标高，保证井身、桥墩、桥梁的稳定。其间，沉井刃脚需要穿过一层厚厚的硬塑黏土层，但是由于沉井下沉能力不足，下沉至刃脚接触到黏土层时，在井壁摩擦力及下方黏土层支撑力的作用下沉井静置不动，无法继续下沉，且采用传统助沉方法并不能解决沉井在硬塑黏土层中下沉的问题。因此提出了一种适用于60m水深以内的以硬塑黏土为持力层的沉井助沉水下爆破技术，成功地应用于杨泗港长江大桥1号、2号主塔基础沉井下沉施工中，使1号、2号沉井得以顺利下沉至指定标高。

5.6.1.2 地质情况

武汉杨泗港长江大桥连接长江武汉段的南北两岸，北岸连接汉阳区，南岸接武昌区。1号汉阳侧主墩沉井外轮廓边线距离汉阳防洪大堤边坡坡脚约为46.5～50.3m，在沉井与汉阳大堤之间设置了一道直径1.5m的钻孔桩防护墙，钻孔桩防护墙距离汉阳防洪大堤边坡坡脚约为36.5～40.3m。沉井设计位置处于长江岸坡上，施工期间根据需要直接在原岸坡顶面采用不透水材料填筑筑岛施工平台，岛体外露面均采用钢筋混凝土进行护面处理。图5-32所示为沉井周边环境相对位置关系图。

图5-32 沉井周边环境相对位置关系图（卫星图）

根据杨泗港长江大桥工程详勘《南北主塔墩工程地质勘察报告（修编稿）》，汉阳侧主塔沉井共布置有6个勘察孔，具体孔位布置如图5-33所示。

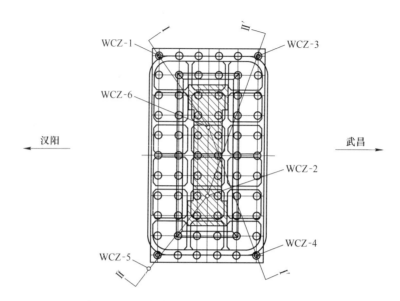

图 5-33　1 号主塔基础沉井地质勘察孔平面位置

各勘察孔位显示的地质情况具体见表 5-2~表 5-7。

表 5-2　HCZ-1 孔位地质情况

土层编号	土层名称	分层厚度/m	孔口标高/m	层底标高/m
①1	杂填土	1	25.7	24.7
①2	素填土	2.8	—	21.9
②1	粉质黏土	9.8	—	12.1
②4	细砂	10.4	—	1.7
②5	中砂	8.8	—	−7.1
③1	砾砂	1.7	—	−8.8
④1	黏土	6.2	—	−15

表 5-3　HCZ-2 孔位地质情况

土层编号	土层名称	分层厚度/m	孔口标高/m	层底标高/m
①2	素填土	4.8	25.92	21.12
②1	粉质黏土	8.1	—	13.02
②4	细砂	18.7	—	−5.68
②5	中砂	4.15	—	−9.83
④1	黏土	5.17	—	−15

表 5-4 HCZ-3 孔位地质情况

土层编号	土层名称	分层厚度/m	孔口标高/m	层底标高/m
①1	杂填土	4	25.45	21.45
①2	素填土	3	—	18.45
②1	粉质黏土	7.2	—	11.25
②3	细砂	13.3	—	−2.05
②5	中砂	6	—	−8.05
③1-1	黏土	0.5	—	−8.55
③2	圆砾土	6	—	−14.55
④1	黏土	0.45	—	−15

表 5-5 HCZ-4 孔位地质情况

土层编号	土层名称	分层厚度/m	孔口标高/m	层底标高/m
①2	素填土	4.3	24.05	19.75
②1	粉质黏土	9.7	—	10.05
②3	粉砂	4.2	—	5.85
②4	细砂	12.75	—	−6.9
③1	砾砂	4.2	—	−11.1
④2	粉质黏土	3.8	—	−14.9
④1	黏土	0.1	—	−15

表 5-6 HCZ-5 孔位地质情况

土层编号	土层名称	分层厚度/m	孔口标高/m	层底标高/m
①2	素填土	3.6	25.73	22.13
②1	粉质黏土	10.4	—	11.73
②3	粉砂	10.1	—	1.63
②4	细砂	9.65	—	−8.02
③1	砾砂	2.1	—	−10.12
④1	黏土	4.88	—	−15

表 5-7 HCZ-6 孔位地质情况

土层编号	土层名称	分层厚度/m	孔口标高/m	层底标高/m
①2	素填土	11.2	25.74	14.54
②1	粉质黏土	2.3	—	12.24
②4	细砂	19.8	—	−7.56
③1	砾砂	2.3	—	−9.86
④1	黏土	5.14	—	−15

主塔沉井处地层自上而下主要有杂填土、素填土、粉质黏土、粉砂、细砂、中砂、砾砂、圆砾土及硬塑黏土等。沉井第三次下沉深度为 18m，其中终沉阶段将穿透砾砂和圆砾土层厚度约 1.7~6m，平均厚度约 3.26m；进入硬塑黏土厚度约 0.45~6.2m，平均厚度约 4.29m。

④1 黏土层描述：灰黄色夹杂红褐色，坚硬、黏性强，质较均，局部夹杂灰白斑和铁锰结核，标准贯入度达 41 击，具中等压缩性，Ⅲ 级硬土，液性指数 −0.27，塑性指数 18.2。

5.6.1.3 水文情况

地下水主要为上层滞水、第四系孔隙承压水和基岩裂隙水。长江武汉河段的水量、砂量主要来源于上游干流和汉江支流，其水、砂量变化受水文年的随机影响，没有明显的变化趋势。据武汉关所测，历年最高水位 27.81m（1954 年 8 月 18 日，黄海高程），历年最低水位 8.16m（1965 年 2 月 4 日，黄海高程），多年平均水位 17.05m（黄海高程）。武汉防洪水位为：设防水位 23.00m（黄海高程），警戒水位 25.38m（黄海高程）和保证水位 27.81m（黄海高程）。2006~2014 年度月水位统计见表 5-8，月极限水位统计见表 5-9。

表 5-8 2006~2014 年度月水位统计（黄海高程）

		1 月	2 月	3 月	4 月	5 月	6 月	7 月	8 月	9 月	10 月	11 月	12 月
2006 年	最高	13.42	14.38	15.84	17.37	19.37	20.45	21.15	19.97	16.50	15.11	15.25	14.11
	最低	12.23	11.92	14.58	14.45	15.85	17.93	19.21	15.10	13.90	13.16	12.62	11.71
2007 年	最高	12.81	13.39	15.09	15.50	16.40	21.30	23.57	24.13	21.63	20.05	15.22	13.05
	最低	11.69	11.84	13.42	13.06	14.10	15.81	20.44	21.03	20.10	15.09	13.05	11.96
2008 年	最高	12.34	12.50	14.99	17.27	17.35	20.27	21.04	22.80	22.91	20.16	20.78	17.03
	最低	11.71	11.84	11.98	14.91	15.95	17.18	19.42	20.30	20.19	18.06	14.53	12.59
2009 年	最高	12.60	13.63	16.41	18.54	19.61	19.77	21.18	22.26	21.10	16.78	14.05	12.47
	最低	12.09	12.12	13.82	13.67	18.36	18.64	19.70	21.08	16.93	13.52	12.23	12.03
2010 年	最高	12.37	12.85	14.40	19.42	21.05	23.75	25.31	25.19	22.21	20.21	16.95	14.63
	最低	11.82	11.87	11.79	13.25	17.09	20.69	22.95	21.38	20.41	17.21	12.99	12.19
2011 年	最高	13.83	13.11	14.13	13.97	14.95	21.21	21.14	19.53	18.27	17.55	16.61	13.84
	最低	13.38	12.42	12.71	13.16	12.77	14.71	18.27	16.80	14.87	14.15	13.75	12.27
2012 年	最高	12.39	12.99	16.12	16.81	21.34	21.95	21.29	24.32	20.71	19.11	16.11	15.02
	最低	12.14	12.26	12.99	12.99	17.00	20.28	19.70	20.96	19.37	15.67	15.06	13.23

		1月	2月	3月	4月	5月	6月	7月	8月	9月	10月	11月	12月
2013年	最高	14.45	13.28	15.81	16.76	20.34	21.19	21.64	20.89	19.32	19.35	13.87	12.58
	最低	12.97	12.67	12.97	15.41	16.02	19.46	20.42	18.60	16.9	12.59	12.31	11.69
2014年	最高	12.41	12.64	13.73	17.25	20.261	20.34	23.65	22.30	22.14	21.17	18.25	15.52
	最低	11.75	11.49	12.79	13.48	16.97	18.71	20.33	20.35	21.12	14.79	13.34	12.72

表5-9　2006~2014年度月极限水位统计

	1月	2月	3月	4月	5月	6月	7月	8月	9月	10月	11月	12月
最高	14.45	14.38	16.41	19.42	21.34	23.75	25.31	25.19	22.91	21.17	20.78	17.03
最低	11.69	11.49	11.79	12.99	12.77	14.71	18.27	15.1	13.9	12.59	12.23	11.69

5.6.1.4　沉井爆破规模

本次沉井爆破规模如表5-10所示。

表5-10　硬塑黏土层施工主要工程数量

序号	名称	规格型号	单位	数量	备注
1	硬塑黏土层	—	m	4.6	平均层厚
			m³	13744	全断面取土总量
2	预埋钻孔爆破导向管	φ146＊5mm φ160＊5mm	根	461	—
3	地质钻孔	φ100mm	m	17518	空孔
				2121	实钻
4	水下爆破作业深度	—	m	40	最大水深30m
5	水下爆破	—	m³	7177	爆破取土总量

5.6.2　1号主塔基础沉井下沉施工方案

5.6.2.1　总体施工方案

当刃脚底进入黏土层时，每个井孔均布置1台双头潜水挖泥机加装在吸泥机底部，利用潜水挖泥机先紧靠井壁切削黏土体，以开挖出刃脚吸泥盲区水下爆破的自由面；之后再对空仓区域进行全断面开挖取土；最后再用4台履带吊各加装1台2m³双瓣疏浚抓斗进行空仓区域的全断面清理整平。井内挖泥取土严格遵循"先靠挖中间隔墙，再靠挖周边井壁，最后挖中间核心土"的原则进行，并始终保持各孔同步和对称作业。同步采用地质钻机沿井壁预留孔道钻孔至刃脚底以下2.0m左右，装入中爆速震源弹及毫秒导爆管雷管进行水下爆破，促使刃脚吸泥盲区内土体破坏，再用弯头吸泥机辅助高压射水进行清理抽排，必要时开启空气幕助沉，综合应用达到在硬塑黏土层中取土下沉的目的。

5.6.2.2　临空面开挖

利用吸泥机清理出井壁和分舱板刃脚区域自由面。在爆破前利用吸泥机针对井壁和分舱板刃脚区域的吸泥盲区开挖临空面，保证爆破效果；完成当天爆破作业后，利用空气吸泥机及挖泥机紧贴井壁吸出盲区抛掷出来的土体，并为下次爆破整理自由面。

5.6.2.3　爆破参数

A　炮孔布置

本工程预先在沉井建造中预置 PVC 管及钢管作导向孔，当沉井下沉至土层后，用地质钻从导向孔下钻至土层垂直取出所需深度的土形成炮孔，沉井井壁布置两排孔，隔墙布置一排孔，如图 5-34、图 5-35 所示。

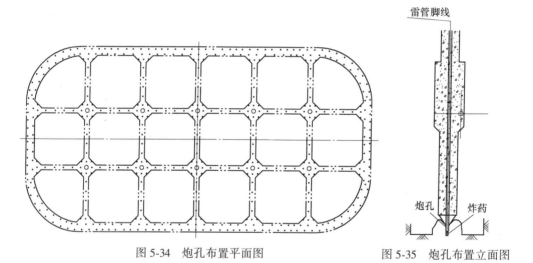

图 5-34　炮孔布置平面图　　　　　　　图 5-35　炮孔布置立面图

B　爆破参数

爆破参数汇总见表 5-11。

表 5-11　爆破参数汇总

孔径/mm	孔深/m	最小抵抗线/m	间距/m	排距/m	单孔装药量/kg
100	1.5~2	1.4	2.0	1.2	4

5.6.2.4 1号主塔基础沉井助沉水下爆破施工工序

施工步骤1：沉井井壁及分隔仓的刃脚踏面抵达硬塑黏土层顶面，投入6台挖泥机配合空气吸泥机开挖分隔仓两侧3m宽范围内的土体，并用2台抓斗进行清理至刃脚踏面以下约2.0m处，形成分隔仓吸泥盲区的水下爆破临空面，如图5-36所示。

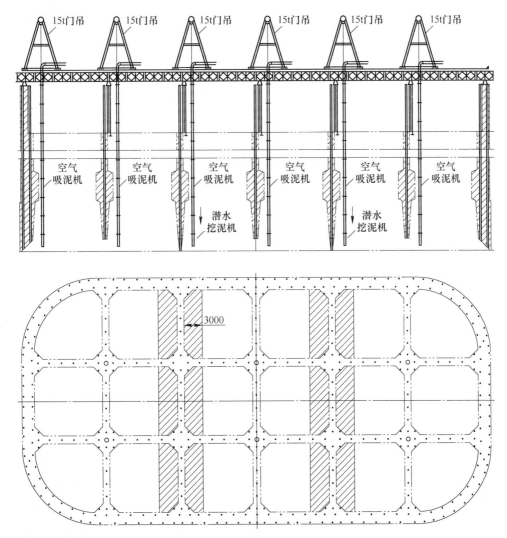

图 5-36 施工步骤 1 示意图

施工步骤2：每段沉井分隔仓井壁均设置1台地质钻机（共6台），沿爆破预留孔逐孔钻孔及装药，并完成当天已装药部分的爆破作业，同时采用空气吸泥机紧贴井壁吸泥，以取出盲区爆破抛掷出来的土体；循环进行，完成沉井分隔仓吸泥盲区第一阶段的开挖取土作业，如图 5-37 所示。

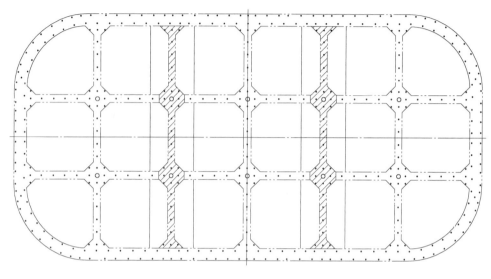

图 5-37　施工步骤 2 示意图

施工步骤 3：投入 14 台挖泥机配合空气吸泥机开挖井壁内侧 3m 宽范围内的土体，并用抓斗进行清理至刃脚踏面以下约 2.0m 处，形成井壁吸泥盲区的水下爆破临空面，如图 5-38 所示。

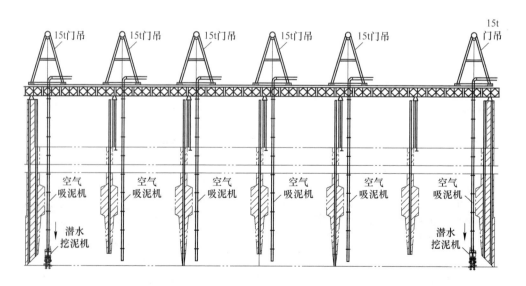

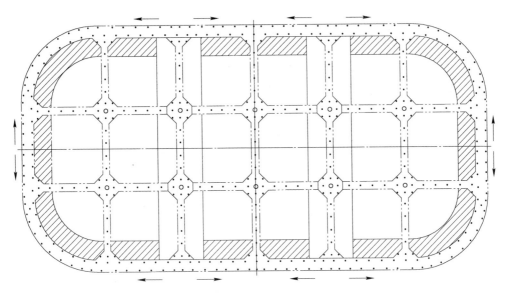

图 5-38 施工步骤 3 示意图

施工步骤 4：投入 14 台地质钻机平行施工，沿爆破预留孔钻孔及装药，并当天完成爆破作业，同时采用空气吸泥机紧贴井壁吸泥，以取出盲区爆破抛掷出来的土体；循环交替进行，完成沉井井壁吸泥盲区第一阶段的开挖取土作业。下潜水员进行检查取土效果，如欠佳，则重复步骤 1~4，直至满足要求。其余区域均采用空气吸泥进行取土即可，同时辅助空气幕助沉，完成沉井在硬塑黏土层中的第一个阶段下沉施工，如图 5-39 所示。

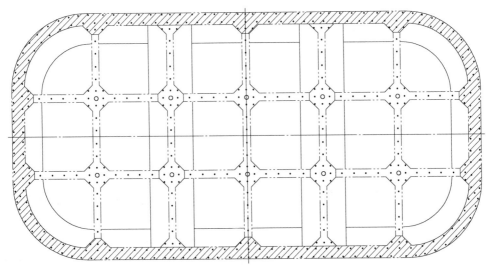

图 5-39 施工步骤 4 示意图

施工步骤 5：投入 18 台挖泥机配合空气吸泥机开挖分隔仓井壁两侧 3m 宽范围内的土体，并用 2 台抓斗进行清理至刃脚踏面以下约 2.0m 处，形成分隔仓吸泥盲区的水下爆破临空面，如图 5-40 所示。

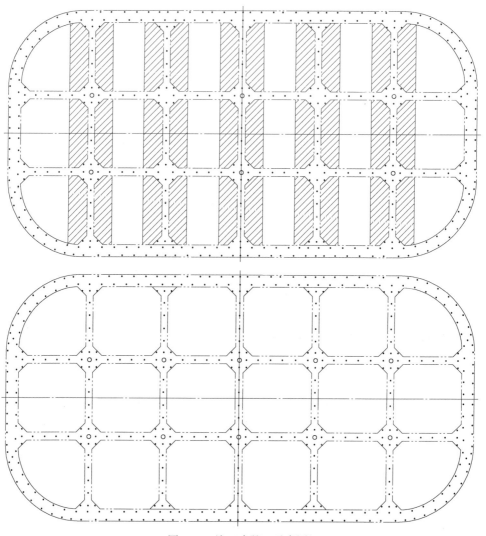

图 5-40　施工步骤 5 示意图

施工步骤 6：投入 15 台地质钻机平行施工，沿爆破预留孔钻孔及装药，并当天完成爆破作业，同时采用空气吸泥机紧贴井壁吸泥，以取出盲区爆破抛掷出来的土体；循环交替进行，完成沉井顺桥向分隔仓井壁吸泥盲区第一阶段的开挖取土作业。下潜水员进行检查取土效果，如欠佳，则重复步骤 5，直至满足要求，如图 5-41 所示。

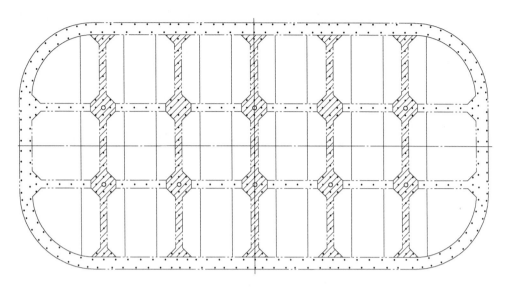

图 5-41　施工步骤 6 示意图

施工步骤 7：重复步骤 4，完成横桥向沉井分隔仓井壁两侧 3m 宽范围内的土体，并用 2 台抓斗进行清理至刃脚踏面以下约 2.0m 处，形成分隔仓吸泥盲区的水下爆破临空面，如图 5-42 所示。

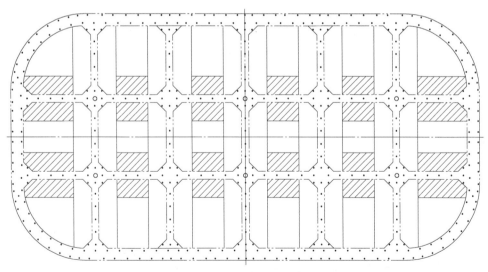

图 5-42　施工步骤 7 示意图

施工步骤 8：投入 12 台地质钻机平行施工，沿爆破预留孔钻孔及装药，并当天完成爆破作业，同时采用空气吸泥机紧贴井壁吸泥，以取出盲区爆破抛掷出来的土体；循环交替进行，完成沉井横桥向分隔仓井壁吸泥盲区第二阶段的开挖取土作业。下潜水员进行检查取土效果，如欠佳，则重复步骤 6~7，直至满足要求，如图 5-43 所示。

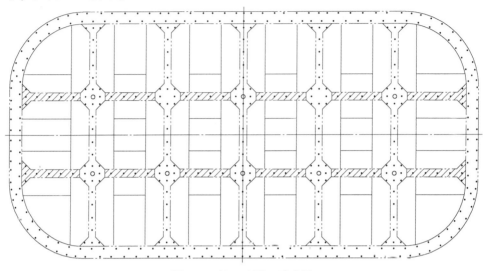

图 5-43 施工步骤 8 示意图

施工步骤 9：投入 14 台挖泥机配合空气吸泥机开挖井壁内侧 3m 宽范围内的土体，并用抓斗进行清理至刃脚踏面以下约 2.5m 处，形成井壁吸泥盲区的水下爆破临空面，如图 5-44 所示。

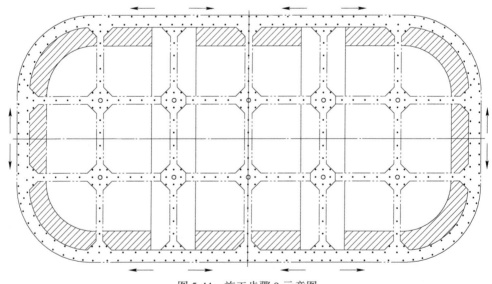

图 5-44 施工步骤 9 示意图

施工步骤 10：投入 14 台地质钻机平行施工，沿爆破预留孔钻孔及装药，并当天完成爆破作业，同时采用空气吸泥机紧贴井壁吸泥，以取出盲区爆破抛掷出来的土体；循环交替进行，完成沉井井壁吸泥盲区第二阶段的开挖取土作业。下潜水员进行检查取土效果，如欠佳，则重复步骤8~9，直至满足要求。同时辅助空气幕助沉，完成沉井在硬塑黏土层中的下沉施工，如图5-45所示。

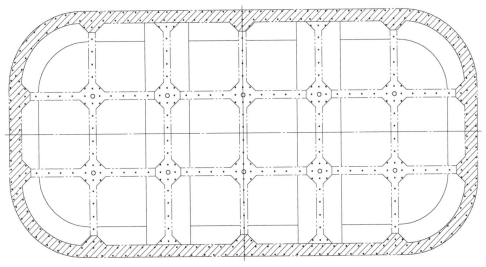

图5-45　施工步骤10示意图

施工步骤11：采用挖泥机配合空气吸泥机开挖各仓中间土体，最后采用抓斗进行清基整平处理，基底与沉井刃脚基本平齐，如图5-46所示。

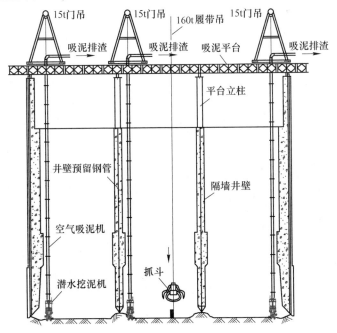

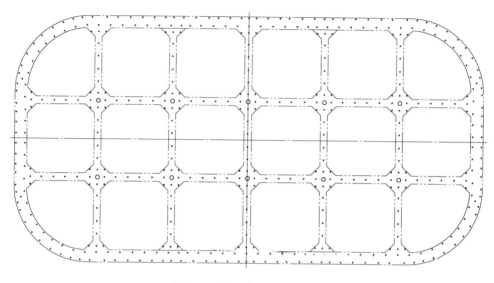

图 5-46　施工步骤 11 示意图

5.6.3　爆破效果

　　杨泗港大桥 1 号主塔基础沉井水下爆破助沉施工历经 27 个工作日的奋战,成功辅助杨泗港大桥 1 号主塔基础沉井着床到位。同时保证了施工区域内设备设施、建构筑物、沉井自身及长江大堤汉阳段的机构安全;保证了沉井基地土层的承载能力。圆满达到工程目的,同时取得了优异的经济、社会和环境效益。本次爆破效果如图 5-47 所示。

(a)

(b)

图 5-47 爆破前后沉井井位对比

(a) 爆破前；(b) 爆破后

参 考 文 献

[1] 时党勇. 基于 ANSYS/LS-DYNA 8.1 进行显式动力分析 [M]. 北京：清华大学出版社，2005.

[2] 白金泽. LS-DYNA3D 理论基础与实例分析 [M]. 北京：科学出版社，2005.

[3] 吴亮，卢文波，钟冬望，等. 混凝土介质中空气间隔装药的爆破机理 [J]. 爆炸与冲击，2010，30（1）：58~65.

[4] 郭强. 水下钻孔爆破孔网参数优化研究 [D]. 武汉：武汉理工大学，2005.

[5] 朱秀云，潘蓉，林皋，等. 基于 ANSYS/LS-DYNA 的钢板混凝土墙冲击实验的有限元分析 [J]. 爆炸与冲击，2015，35（2）：222~228.

[6] Anon. Ls-dyna key word users' menual （version971/release4）[M]. Livermore Software Technology Croporation，2009.

[7] 杨军，杨国梁，张光雄，等. 建筑结构爆破拆除数值模拟 [M]. 北京：科学出版社，2012.

[8] 庄苗. 基于 ABAQUS 的有限元分析和应用 [M]. 北京：清华大学出版社，2009.

[9] 江丙云，孔祥宏，罗元元. ABAQUS 工程实例详解 [M]. 北京：人民邮电出版社，2014.

[10] 费康，张建伟. ABAQUS 在岩土工程中的应用 [M]. 北京：中国水利水电出版社，2013.

[11] 吴川. 天然地基固结理论研究综述 [J]. 建筑工程技术与设计，2015（9）：3044.

[12] 南京水利科学研究院. SL 237—1999 土工试验规程 [S]. 北京：中国水利水电出版社，1999.

[13] 水利部水利水电规划设计总院，南京水利科学研究院. GB/T 50123—1999，土工试验方法标准 [S]. 北京：中国计划出版社，1999.

[14] 杨迎晓. 土力学试验指导 [M]. 杭州：浙江大学出版社，2007.

[15] 中国工程爆破协会，等. GB6722—2014 爆破安全规程 [S]. 北京：中国标准出版社，2014.

[16] DAVIDSAVOR T A，VITTON S J，DONG J. Analysis of Blast Damage to Green Concrete：A Dynamic Testing Approach to Field Cured Specimens [C] //Proceedings of the Annual Conference on Explosives and Blasting Technique，v II，2003：231~243.

[17] 武汉杨泗港长江大桥 1 号主塔基础沉井工程水下爆破助沉施工技术设计与施工组织设计.